水文水资源与水工环地质勘察

李莉莉　潘　怡　祁汉文◎著

吉林科学技术出版社

图书在版编目（CIP）数据

水文水资源与水工环地质勘察 / 李莉莉，潘怡，祁汉文著. -- 长春 : 吉林科学技术出版社，2023.7
ISBN 978-7-5744-0736-7

Ⅰ. ①水… Ⅱ. ①李… ②潘… ③祁… Ⅲ. ①水资源管理－研究②水文地质勘探－研究 Ⅳ. ①TV213.4 ②P641.72

中国国家版本馆 CIP 数据核字(2023)第 153183 号

水文水资源与水工环地质勘察

著　　李莉莉　潘　怡　祁汉文
出 版 人　宛　霞
责任编辑　张伟泽
封面设计　金熙腾达
制　　版　金熙腾达
幅面尺寸　185mm × 260mm
开　　本　16
字　　数　291 千字
印　　张　12.75
印　　数　1–1500 册
版　　次　2023年7月第1版
印　　次　2024年2月第1次印刷

出　　版　吉林科学技术出版社
发　　行　吉林科学技术出版社
地　　址　长春市福祉大路5788号
邮　　编　130118
发行部电话/传真　0431-81629529 81629530 81629531
81629532 81629533 81629534
储运部电话　0431-86059116
编辑部电话　0431-81629518
印　　刷　三河市嵩川印刷有限公司

书　　号　ISBN 978-7-5744-0736-7
定　　价　85.00元

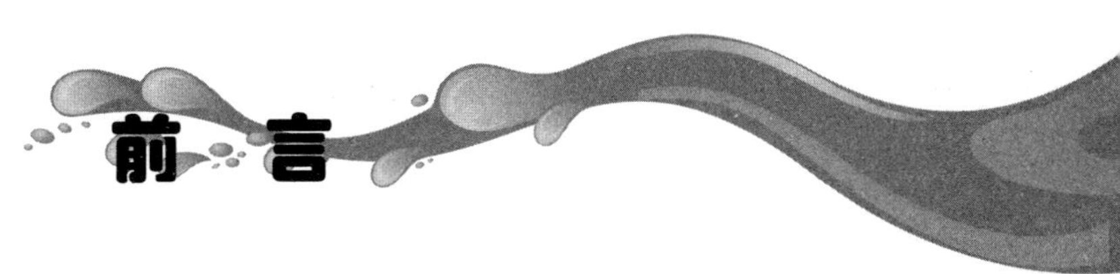

前言

水文水资源是当前国家经济发展不可或缺的重要资源，也是制约我国资源可持续发展的关键。社会经济的快速发展，对当前水文水资源的利用提出了更高的要求，在水文水资源调查中应注重规划合理、有序的开发进程，从而实现对生态环境的综合保护。

水工环地质勘察是工程建设中十分重要的一部分，在科技日新月异、经济社会高质量发展的大背景下，水工环地质勘察工作面临着全方位的调整，勘察涉及范围愈加广泛，新技术与新方法的应用也对勘察人员的综合素质与专业技能提出了更高的要求，尤其是在我国城市化建设进程持续推进的大环境下，水工环地质勘察已经成为环境保护、工程建设、污染治理等必不可少的重要环节。

水资源短缺对人类社会的发展造成了阻碍，而合理地开发地下水，可以有效地解决水资源短缺的问题，本书重点阐述了水资源与水循环、地下水资源及其基本特征、水文测验、水资源评价与规划、水文地质勘察技术、水文地质试验及水资源管理与保护等内容，对水文地质学的基本概念及实际工作中一些问题予以解析。本书内容丰富、结构合理，可作为相关专业的学生及教师的参考用书，也可供工程技术人员参考使用。

本书采用通俗易懂的形式，既注重实用性，又注重系统性、理论性，内容生动活泼、形式多样，可操作性强。本书在编写过程中学习和借鉴了国内外同行的相关研究成果，并参阅了大量相关图书和网络资料，在书中无法逐一列出，在此一并表示衷心的感谢。由于编者水平有限，书中难免存在不足之处，恳请专家和读者给予批评指正。

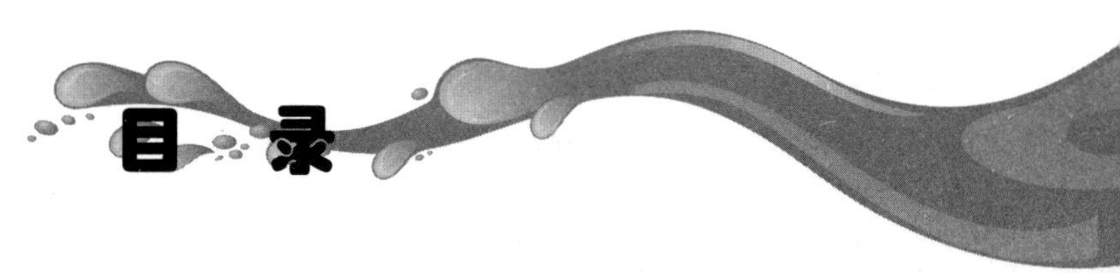

目录

第一章　水资源与水循环

第一节　水资源概述

一、水资源概念

水是生命之源，是人类赖以生存和发展的不可缺少的一种宝贵资源，是自然环境的重要组成部分，是社会可持续发展的基础条件。百度百科对水的定义为：水（化学式为 H_2O）是由氢、氧两种元素组成的无机物，在常温常压下为无色无味的透明液体。水包括天然水（河流、湖泊、大气水、海水、地下水等）和人工制水（通过化学反应使氢氧原子结合得到水）。

地球上的水覆盖了地球 71%以上的表面，地球上这么多的水是从哪儿来的？地球上本来就有水吗？关于地球上水的起源在学术界存在很大的分歧，目前有几十种不同的水形成学说。有的观点认为，在地球形成初期，原始大气中的氢、氧化合成水，水蒸气逐步凝结下来并形成海洋；有的观点认为，形成地球的星云物质中原先就存在水的成分；有的观点认为，原始地壳中硅酸盐等物质受火山影响而发生反应，析出水分；有的观点认为，被地球吸引的彗星和陨石是地球上水的主要来源，甚至地球上的水还在不停增加。

直到 19 世纪末期，人们虽然知道水、熟悉水，但并没有“水资源”的概念，而且水资源概念的内涵也在不断地丰富和发展，再加上由于研究领域不同或思考角度不同，国内外专家学者对水资源概念的理解和定义存在明显的差异。目前关于“水资源”的定义有：

（1）联合国教科文组织和世界气象组织共同制定的《水资源评价活动——国家评价手册》：可以利用或有可能被利用的水源，具有足够的数量和可用的质量，并能在某一地点为满足某种用途而可被利用。

（2）《中华人民共和国水法》：该法所称水资源，包括地表水和地下水。

（3）《中国大百科全书》：在不同的卷册对水资源也给予了不同的解释。如在“大气科学、海洋科学、水文科学卷”中，水资源被定义为，地球表层可供人类利用的水，包括水量（水质）、水域和水能资源，一般每年可更新的水量资源；在“水利卷”中，水资源被定义为，自然界各种形态（气态、固态或液态）的天然水，并将可供人类利用的水资源作为供评价的水资源。

（4）美国地质调查局：陆面地表水和地下水。

（5）《不列颠百科全书》：全部自然界任何形态的水，包括气态水、液态水或固态水的总量。

（6）英国《水资源法》：地球上具有足够数量的可用水。

（7）我国学者：①降水量中可以被利用的那一部分；②与人类生产和生活有关的天然水源；③可供国民经济利用的淡水资源，其数量为扣除降水期蒸发的总降水量；④与人类社会用水密切相关而又能不断更新的淡水，包括地表水、地下水和土壤水。

综上所述，国内外学者对水资源的概念有不尽一致的认识与理解，水资源的概念有广义和狭义之分。广义上的水资源，是指能够直接或间接地使用的各种水和水中物质，对人类活动具有使用价值和经济价值的水均可称为水资源。狭义上的水资源，是指在一定的经济技术条件下，人类可以直接利用的淡水。水资源是维持人类社会存在并发展的重要自然资源之一，它应当具有如下特性：能够被利用，能够不断更新，具有足够的水量，水质能够满足用水要求。

水资源作为自然资源的一种，具有许多自然资源的特性，同时具有许多独有的特性。为合理有效地利用水资源，充分发挥水资源的环境效益、经济效益和社会效益，须充分认识水资源的基本特点。

（一）循环性

地球上的水体受太阳能的作用，不断地进行相互转换和周期性的循环过程，而且循环过程是永无止境的、无限的，水资源在水循环过程中能够不断恢复、更新和再生，并在一定时空范围内保持动态平衡，循环过程的无限性使得水资源在一定的开发利用状况下是取之不尽、用之不竭的。

（二）有限性

在一定区域和时段内，水资源的总量是有限的，更新和恢复的水资源量也是有限的，水资源的消耗量不应该超过水资源的补给量。以前，人们认为地球上的水是无限的，从而导致人类不合理地开发利用水资源，引起水资源短缺、水环境破坏和地面沉降等一系列不良后果。

（三）不均匀性

水资源的不均匀性包括水资源在时间和空间两方面的不均匀性。由于受气候和地理条件的影响，不同地区水资源的分布有很大差别，例如我国总的来讲，东南多、西北少，沿海多、内陆少，山区多、平原少。水资源在时间上的不均匀性，主要表现在水资源的年际和年内变化幅度大，例如我国降水的年内分配和年际分配都极不均匀，汛期 4 个月的降水量占全年降水量的比率，南方约为 60%，北方则为 80%；最大年降雨量与最小年降雨量的比，南方为 2~4 倍，北方为 3~8 倍。水资源在时空分布上的不均匀性，给水资源的合理开发利用带来很大困难。

（四）多用途性

水资源作为一种重要的资源，在国民经济各部门中的用途是相当广泛的，不仅能够用于农业灌溉、工业用水和生活供水，还可以用于水力发电、航运、水产养殖、旅游娱乐和环境改造等。人们生活水平的提高和社会国民经济的发展，对水资源的需求量不断增加，很多地区出现了水资源短缺的现象，水资源在各个方面的竞争日趋激烈，如何解决水资源短缺问题，满足各方面对水资源的需求是亟须解决的问题之一。

（五）不可代替性

水是生命的摇篮，是一切生物的命脉，如对于人来说，水是仅次于氧气的重要物质。成人体内，60%的重量是水；儿童体内水的比重更大，可达 80%。水在维持人类生存、社会发展和生态环境等方面是其他资源无法代替的，水资源的短缺会严重制约社会经济的发展和人民生活的改善。

（六）两重性

水资源是一种宝贵的自然资源，水资源可被用于农业灌溉、工业供水、生活供水、水力发电、水产养殖等各个方面，推动社会经济的发展，提高人民的生活水平，改善人类生存环境，这是水资源有利的一面；同时，水量过多，容易造成洪水泛滥等自然灾害，水量过少，容易造成干旱等自然灾害，影响人类社会的发展，这是水资源有害的一面。

（七）公共性

水资源的用途十分广泛，各行各业都离不开水，这就使得水资源具有了公共性。《中华人民共和国水法》明确规定，水资源属于国家所有，水资源的所有权由国务院代表国家行使，国务院水行政主管部门负责全国水资源的统一管理和监督工作；任何单位和个人引水、截（蓄）水、排水，不得损害公共利益和他人的合法权益。

二、世界水资源

水是一切生物赖以生存的必不可少的重要物质，是工农业生产、经济发展和环境改善不可替代的极为宝贵的自然资源。地球在地壳表层、表面和围绕地球的大气层中存在着各种形态的，包括液态、气态和固态的水，形成地球的水圈，从表面上看，地球上的水量是非常丰富的。

地球上各种类型的水储量分布：水圈内海洋水、冰川与永久积雪地下水、永冻层中冰、湖泊水、土壤水、大气水、沼泽水、河流水和生物水等全部水体的总储存量为 13.86 亿 km^3。其中，海洋水量 13.38 亿 km^3，占地球总储存水量的 96.5%，这部分巨大的水体属于高盐量的咸水，除极少量水体被利用（作为冷却水、海水淡化）外绝大多数是不能被直接利用的。陆地上的水量仅有 0.48 亿 km^3，占地球总储存水量的 3.5%，就是在陆面这样有限的水体也并不全是淡水，淡水量仅有 0.35 亿 km^3，占陆地水储存量的 73%，其中 0.24 亿 km^3的淡水量，分布于冰川多积雪、两极和多年冻土中，以人类现有的技术条件很难利用。便于人类利用的水只有 0.1065 亿 km^3，占淡水总量的 30.4%，仅占地球总储存水量的 0.77%。因此，地球上的水量虽然非常丰富，然而可被人类利用的淡水资源量却是很有限的。

三、水资源的重要性与用途

（一）水资源的重要性

水资源的重要性主要体现在以下四个方面：

1. 生命之源

水是生命的摇篮，最原始的生命是在水中诞生的，水是生命存在不可缺少的物质。不同生物体内都拥有大量的水分，一般情况下，植物植株的含水率为 60%~80%，哺乳类体内约有 65%，鱼类 75%，藻类 95%，成年人体内的水占体重的 65%~70%。此外，生物体的新陈代谢、光合作用等都离不开水，每人每日需要 2~3L 的水才能维持正常生存。

2. 文明的摇篮

没有水就没有生命，没有水更不会有人类的文明和进步，文明往往发源于大河流域，世界四大文明古国——古代中国、古代印度、古代埃及和古代巴比伦，最初都是以大河为基础发展起来的，尼罗河孕育了古埃及的文明，底格里斯河与幼发拉底河流域促进了古巴比伦王国的兴盛，恒河带来了古印度的繁荣，长江与黄河是华夏民族的摇篮。古往今来，人口稠密、经济繁荣的地区总是位于河流湖泊沿岸。沙漠缺水地带，人烟往往比较稀少，经济也比较萧条。

3. 社会发展的重要支撑

水资源是社会经济发展过程中不可缺少的一种重要自然资源，与人类社会的进步与发展紧密相连，是人类社会和经济发展的基础与支撑。在农业用水方面，水资源是一切农作物生长所依赖的基础物质，水对农作物的重要作用表现在它几乎参与了农作物生长的每一个过程，农作物的发芽、生长、发育和结实都需要有足够的水分，当提供的水分不能满足农作物生长的需求时，农作物极可能减产甚至死亡。在工业用水方面，水是工业的血液，工业生产过程中的每一个生产环节（如加工、冷却、净化、洗涤等）几乎都需要水的参与，每个工厂都要利用水的各种作用来维持正常生产，没有足够的水量，工业生产就无法进行正常生产，水资源保证程度对工业发展规模起着非常重要的作用。在生活用水方面，随着经济发展水平的不断提高，人们对生活质量的要求也不断提高，从而使得人们对水资源的需求量越来越大，若生活需水量不能得到满足，必然会成为制约社会进步与发展的一个瓶颈。

4. 生态环境基本要素

生态环境是指影响人类生存与发展的水资源、土地资源、生物资源及气候资源数量与质量的总称，是关系到社会和经济持续发展的复合生态系统。水资源是生态环境的基本要素，是良好的生态环境系统结构与功能的组成部分。水资源充沛，有利于营造良好的生态环境；水资源匮乏，则不利于营造良好的生态环境，如我国水资源比较缺乏的华北和西北干旱、半干旱区，大多是生态系统比较脆弱的地带。水资源比较缺乏的地区，随着人口的增长和经济的发展，会使得本已比较缺乏的水资源进一步短缺，从而更容易产生一系列生态环境问题，如草原退化、沙漠面积扩大、水体面积缩小、生物种类和种群减少。

（二）水资源的用途

水资源是人类社会进步和经济发展的基本物质保证，人类的生产活动和生活活动都离不开水资源的支撑，水资源在许多方面都具有使用价值。水资源的用途主要有农业用水、工业用水、生活用水、生态环境用水、发电用水、航运用水、旅游用水、养殖用水等。

1. 农业用水

农业用水包括农田灌溉和林牧渔畜用水。农业用水是我国用水大户，农业用水量占总用水量的比例最大，在农业用水中，农田灌溉用水是农业用水的主要用水和耗水对象，采取有效节水措施，提高农田水资源利用效率，是缓解水资源供求矛盾的一个主要措施。

2. 工业用水

工业用水是指工、矿企业的各部门，在工业生产过程（或期间）中，制造、加工、冷却、空调、洗涤、锅炉等处使用的水及厂内职工生活用水的总称。工业用水是水资源利用的一个重要组成部分，由于工业用水组成十分复杂，工业用水的多少受工业类别、生产方式、用水工艺和水平及工业化水平等因素的影响。

3. 生活用水

生活用水包括城市生活用水和农村生活用水两方面。其中，城市生活用水包括城市居民住宅用水、市政用水、公共建筑用水、消防用水、供热用水、环境景观用水和娱乐用水等；农村生活用水包括农村日常生活用水和家养禽畜用水等。

4. 生态环境用水

生态环境用水是指为达到某种生态水平，并维持这种生态平衡所需要的用水量。生态环境用水有一个阈值范围，用于生态环境用水的水量超过这个阈值范围，就会导致生态环境的破坏。许多水资源短缺的地区，在开发利用水资源时，往往不考虑生态环境用水，产生许多生态环境问题。因此，进行水资源规划时，充分考虑生态环境用水，是这些地区修复生态环境问题的前提。

5. 水力发电

地球表面各种水体（河川、湖泊、海洋）中蕴藏的能量，称为水能资源或水力资源。水力发电是利用水能资源生产电能。

6. 其他用途

水资源除了在上述的农业、工业、生活、生态环境和水力发电方面具有重要使用价值而得到广泛应用外，水资源还可用于发展航运事业、渔业养殖和旅游事业等。在上述水资源的用途中，农业用水、工业水和生活用水的比例称为用水结构，用水结构能够反映出一个国家的工农发展水平和城市建设发展水平。

美国、日本和中国的农业用水量、工业用水量和生活用水量有显著差别。在美国，工业用水量最大，其次为农业用水量，最后为生活用水量；在日本，农业用水量最大，除个别年份外，工业用水量和生活用水量相差不大；在中国，农业用水量最大，其次为工业用水量，最后为生活用水量。

水资源的用途不同时，对水资源本身产生的影响就不同，对水资源的要求也不尽相同，如水资源用于农业用水、生活用水和工业用水等部门时，这些用水部门会把水资源当作物质加以消耗。此外，这些用水部门对水资源的水质要求也不相同，当水资源用于水力发电、航运和旅游等部门时，被利用的水资源一般不会发生明显的变化。水资源具有多种用途，开发利用水资源时，要考虑水源的综合利用，不同用水部门对水资源的要求不同，这为水资源的综合利用提供了可能，但同时也要妥善解决不同用水部门对水资源要求不同而产生的矛盾。

四、水资源保护与管理的意义

水资源是基础自然资源，水资源为人类社会的进步和社会经济的发展提供了基本的物质保证，由于水资源的固有属性（如有限性和分布不均匀性等）、气候条件的变化和人类的不合理开发利用，在水资源的开发利用过程中，产生了许多水问题，如水资源短缺、水污染严重、洪涝灾害频繁、地下水过度开发、水资源开发管理不善、水资源浪费严重和水资源开发利用不够合理等，这些问题限制了水资源的可持续发展，也阻碍了社会经济的可持续发展和人民生活水平的不断提高。因此，进行水资源的保护与管理是人类社会可持续发展的重要保障。

（一）缓解和解决各类水问题

进行水资源保护与管理，有助于缓解或解决水资源开发利用过程中出现的各类水问题，比如通过采取高效节水灌溉技术，减少农田灌溉用水的浪费，提高灌溉水利用效率；通过提高工业生产用水的重复利用率，减少工业用水的浪费；通过建立合理的水费体制，减少生活用水的浪费；通过采取一些蓄水和引水等措施，缓解一些地区的水资源短缺问题；通过对污染物进行达标排放与总量控制，以及提高水体环境容量等措施，改善水体水质，减少和杜绝水污染现象的发生；通过合理调配农业用水、工业用水、生活用水和生态环境用水之间的比例，改善生态环境，防止生态环境问题的发生；通过对供水、灌溉、水力发电、航运、渔业、旅游等用水部门进行水资源的优化调配，解决各用水部门之间的矛盾，减少不应有的损失；通过进一步加强地下水开发利用的监督与管理工作，完善地下水和地质环境监测系统，有效控制地下水的过度开发；通过采取工程措施和非工程措施改变水资源在空间分布和时间分布上的不均匀性，减轻洪涝灾害的影响。

（二）提高人们的水资源管理和保护意识

水资源开采利用过程中产生的许多水问题，都是由人类不合理利用及缺乏保护意识造成的，通过让更多的人参与水资源的保护与管理，加强水资源保护与管理教育，以及普及水资源知识，进而增强人们的水保护意识和水资源观念，自觉地珍惜水，合理用水，从而为水资源的保护与管理创造一个良好的社会环境与氛围。

（三）保证人类社会的可持续发展

水是生命之源，是社会发展的基础，进行水资源保护与管理研究，建立科学合理的水资源保护与管理模式，实现水资源的可持续开发利用，能够确保人类生存、生活和生产，以及生态环境等用水的长期需求，从而为人类社会的可持续发展提供坚实的基础。

第二节　水资源的形成

一、地表水资源的形成与特点

地表水分为广义地表水和狭义地表水，前者指以液态或固态形式覆盖在地球表面上，暴露在大气中的自然水体，包括河流、湖泊、水库、沼泽、海洋、冰川和永久积雪等；后者则是陆地上各种液态、固态水体的总称，包括静态水和动态水，主要有河流，湖泊、水库、沼泽、冰川和永久积雪等。其中，动态水指河流径流量和冰川径流量，静态水指各种水体的储水量。地表水资源是指在人们生产生活中具有实用价值和经济价值的地表水，包括冰雪水、河川水和湖沼水等，一般用河川径流量表示。

在多年平均情况下，水资源量的收支项主要为降水、蒸发和径流，水量平衡时，收支在数量上是相等的。降水作为水资源的收入项，决定着地表水资源的数量、时空分布和可开发利用程度。由于地表水资源所能利用的是河流径流量，所以在讨论地表水资源的形成与分布时，重点讨论构成地表水资源的河流资源的形成与分布问题。

降水、蒸发和径流是决定区域水资源状态的三要素，三者数量及其可利用量之间的变化关系决定着区域水资源的数量和可利用量。

（一）降水

1. 降雨的形成

降水是指液态或固态的水汽凝结物从云中落到地表的现象，如雨、雪、雾、雹、露、霜等，其中以雨、雪为主。我国大部分地区，一年内降水以雨水为主，雪仅占少部分。所以，通常说的降水主要指降雨。

当水平方向温度、湿度比较均匀的大块空气即气团受到某种外力的作用向上升时，气压降低，空气膨胀，为克服分子间引力须消耗自身的能量，在上升过程中发生动力冷却，使气团降温。当温度下降到使原来未饱和的空气达到了过饱和状态时，大量多余的水汽便凝结成云。云中水滴不断增大，直到不能被上气流所托时，便在重力作用下形成降雨。因此，空气的垂直上升运动和空气中水汽含量超过饱和水汽含量是产生降雨的基本条件。

2. 降雨的分类

按空气上升的原因，降雨可分为锋面雨、地形雨、对流雨和气旋雨。

（1）锋面雨

冷暖气团相遇，其交界面叫锋面，锋面与地面的相交地带叫锋线，锋面随冷暖气团的移动而移动。锋面上的暖气团被抬升到冷气团上面去。在抬升的过程中，空气中的水汽冷却凝结，形成的降水叫锋面雨。

根据冷、暖气团运动情况，锋面雨又可分为冷锋雨和暖锋雨。当冷气团向暖气团推进时，因冷空气较重，冷气团楔进暖气团下方，把暖气团挤向上方，发生动力冷却而致雨，称为冷锋雨。当暖气团向冷气团移动时，由于地面的摩擦作用，上层移动较快，底层较慢，使锋面坡度较小，暖空气沿着这个平缓的坡面在冷气团上爬升，在锋面上形成了一系列云系并冷却致雨，称为暖锋雨。我国大部分地区在温带，属南北气流交汇区域，因此，锋面雨的影响很大，常造成河流的洪水，我国夏季受季风影响，东南地区多暖锋雨，如长江中下游的梅雨，北方地区多冷锋雨。

（2）地形雨

暖湿气流在运移过程中，遇到丘陵、高原、山脉等阻挡沿坡面上升而冷却致雨，称为地形雨。地形雨大部分降落在山地的迎风坡。在背风坡，气流下降增温，且大部分水汽已在迎风坡降落，故降雨稀少。

（3）对流雨

当暖湿空气笼罩一个地区时，因下垫面局部受热增温，与上层温度较低的空气产生强烈对流作用，使暖空气上升冷却致雨，称为对流雨。对流雨一般强度大，但雨区小，历时也较短，并常伴有雷电，又称雷阵雨。

（4）气旋雨

气旋是中心气压低于四周的大气涡旋。涡旋运动引起暖湿气团大规模的上升运动，水汽因动力冷却而致雨，称为气旋。按热力学性质分类，气旋可分为温带气旋和热带气旋。我国气象部门把中心地区附近地面最大风速达到 12 级的热带气旋称为台风。

3. 降雨的特征

降雨特征常用降水量、降水历时、降水强度、降水面积及暴雨中心等基本因素表示。降水量是指在一定时段内降落在某一点或某一面积上的总水量，用深度表示，以 mm 计。降水量一般分为 7 级。降水的持续时间称为降水历时，以 min、h、d 计。降水笼罩的平面面积称为降水面积，以 km^2计。暴雨集中的较小局部地区，称为暴雨中心。降水历时和降水强度反映了降水的时程分配，降水面积和暴雨中心反映了降水的空间分配。

（二）径流

径流是指由降水所形成的，沿着流域地表和地下向河川、湖泊、水库、洼地等流动的水流。其中，沿着地面流动的水流称为地表径流；沿着土壤岩石孔隙流动的水流称为地下径流；汇集到河流后，在重力作用下沿河床流动的水流称为河川径流。径流因降水形式和补给来源的不同，可分为降雨径流和融雪径流，我国大部分以降雨径流为主。

径流过程是地球上水循环中重要的一环。在水循环过程中，陆地上的降水 34%转化为地表径流和地下径流汇入海洋。径流过程又是一个复杂多变的过程，与水资源的开发利用、水环境保护、人类同洪旱灾害的斗争等生产经济活动密切相关。

1. 径流形成过程及影响因素

由降水到达地面时起，到水流流经出口断面的整个过程，称为径流形成过程。降水的形式不同，径流的形成过程也各不相同。大气降水的多变性和流域自然地理条件的复杂性决定了径流形成过程是一个错综复杂的物理过程。降水落到流域面上后，首先向土壤内下渗，一部分水以壤中流形式汇入沟渠，形成上层壤中流；一部分水继续下渗，补给地下水；还有一部分以土壤水形式保持在土壤内，其中一部分消耗蒸发。当土壤含水量达到饱和或降水强度大于入渗强度时，降水扣除入渗后还有剩余，余水开始流动充填坑洼，继而形成坡面流汇入河槽和壤中流一起形成出口流量过程。故整个径流形成过程往往涉及大气降水、土壤下渗、壤中流、地下水、蒸发、填洼、坡面流和河槽汇流，是气象因素和流域自然地理条件综合作用的过程，难以用数学模型描述。为便于分析，一般把它概化为产流阶段和汇流阶段。产流是降水扣除损失后的净雨产生径流的过程。汇流指净雨沿坡面从地面和地下汇入河网，然后再沿着河网汇集到流域出口断面的过程。前者称为坡地汇流，后者称为河网汇流，两部分过程合称为流域汇流过程。

影响径流形成的因素有气候因素、地理因素和人类活动因素。

（1）气候因素

气候因素主要是降水和蒸发。降水是径流形成的必要条件，是决定区域地表水资源丰富程度、时空间分布及可利用程度与数量的最重要因素。其他条件相同时降雨强度大、历时长、降雨笼罩面积大，则产生的径流也大。同一流域，雨型不同，形成的径流过程也不同。蒸发直接影响径流量的大小。蒸发量大，降水损失量就大，形成的径流量就小。对于一次暴雨形成的径流来说，虽然在径流形成的过程中蒸发量的数值相对不大，甚至可忽略不计，但流域在降雨开始时土壤含水量直接影响着本次降雨的损失量，即影响着径流量，而土壤含水量与流域蒸发有密切关系。

（2）地理因素

地理因素包括流域地形、流域的大小和形状、河道特性、土壤、岩石和地质构造、植被、湖泊和沼泽等。

流域地形特征包括地面高程、坡面倾斜方向及流域坡度等。流域地形通过影响气候因素间接影响径流的特性，如山地迎风坡降雨量较大，背风坡降雨量小；地面高程较高时，气温低，蒸发量小，降雨损失量小。流域地形还直接影响汇流条件，从而影响径流过程。如地形陡峭，河道比降大，则水流速度快，河槽汇流时间较短，洪水陡涨陡落，流量过程线多呈尖瘦形；反之，则较平缓。

流域大小不同，对调节径流的作用也不同。流域面积越大，地表与地下蓄水容积越大调节能力也越强。流域面积较大的河流，河槽下切较深，得到的地下水补给就较多。流域面积小的河流，河槽下切往往较浅，因此，地下水补给也较少。

流域长度决定了径流到达出口断面所需要的汇流时间。汇流时间越长，流量过程线越平缓。流域形状与河系排列有密切关系。扇形排列的河系，各支流洪水较集中地汇入干流，流量过程线往往较陡峻；羽形排列的河系，各支流洪水可顺序而下，遭遇的机会少，流量过程线较矮平；平行状排列的河系，其流量过程线与扇形排列的河系类似。

河道特性包括河道长度、坡度和糙率。河道短、坡度大、糙率小，则水流流速大，河道输送水流能力强，流量过程线尖瘦；反之，则较平缓。

流域土壤、岩石性质和地质构造与下渗量的大小有直接关系，从而影响产流量和径流过程特性，以及地表径流和地下径流的产流比例关系。

植被能阻滞地表水流，增加下渗。森林地区表层土壤容易透水，有利于雨水渗入地下从而增大地下径流，减少地表径流，使径流趋于均匀。对于融雪补给的河流，由于森林内温度较低，能延长融雪时间，使春汛径流历时增长。

湖泊（包括水库和沼泽）对径流有一定的调节作用，能拦蓄洪水、削减洪峰，使径流过程变得平缓。因水面蒸发较陆面蒸发大，湖泊、沼泽增加了蒸发量，使径流量减少。

（3）人类活动因素

影响径流的人类活动是指人们为了开发利用和保护水资源，达到除害兴利的目的而修建的水利工程及采用农林措施等。这些工程和措施改变了流域的自然面貌，从而也就改变了径流的形成和变化条件，影响了蒸发量、径流量及其时空分布、地表和地下径流的比例、水体水质等。例如，蓄、引水工程改变了径流时空分布；水土保持措施能增加下渗水量，改变地表和地下水的比例及径流时程分布，影响蒸发；水库和灌溉设施增加了蒸发，减少了径流。

2. 河流径流补给

河流径流补给又称河流水源补给。河流补给的类型及其变化决定着河流的水文特性。我国大多数河流的补给主要是流域上的降水。根据降水形式及其向河流运动的路径，河流的补给可分为雨水补给，地下水补给，冰雪融水补给及湖泊、沼泽水补给等。

（1）雨水补给

雨水是我国河流补给的最主要水源。当降雨强度大于土壤入渗强度后产生地表径流，雨水汇入溪流和江河之中从而使河水径流得以补充。以雨水补给为主的河流的水情特点是水位与流量变化快，在时程上与降雨有较好的对应关系，河流径流的年内分配不均匀，年际变化大，丰、枯悬殊。

（2）地下水补给

地下水补给是我国河流补给的一种普遍形式。特别是在冬季和少雨无雨季节，大部分河流水量基本上来自地下水。地下水是雨水和冰雪融水渗入地下转化而成的，它的基本来源仍然是降水，因其经地下“水库”的调节，对河流径流量及其在时间上的变化产生影响。以地下水补给为主的河流，其年内分配和年际变化都较均匀。

（3）冰雪融水补给

冬季在流域表面的积雪、冰川，至次年春季随着气候的变暖而融化成液态的水，补给河流而形成春汛。此种补给类型在全国河流中所占比例不大，水量有限但冰雪融水补给主要发生在春季，这时正是我国农业生产上需水的季节，因此，对于我国北方地区春季农业用水有着重要的意义。冰雪融水补给具有明显的日变化和年变化，补给水量的年际变化幅度要小于雨水补给。这是因为融水量主要与太阳辐射、气温变化一致，而气温的年际变化比降雨量年际变化小。

（4）湖泊、沼泽水补给

流域内山地的湖泊常成为河流的源头。位于河流中下游地区的湖泊，接纳湖区河流来水，又转而补给干流水量。这类湖泊由于湖面广阔，深度较大，对河流径流有调节作用。河流流量较大时，部分洪水流进大湖内，削减了洪峰流量；河流流量较小时，湖水流入下流，补充径流量，使河流水量年内变化趋于均匀。沼泽水补给量小，对河流径流调节作用不明显。

我国河流主要靠降雨补给。在华北、西北及东北的河流虽也有冰雪融水补给，但仍以降雨补给为主，为混合补给。只有新疆、青海等地的部分河流是靠冰川、积雪融水补给，该地区的其他河流仍然是混合补给。由于各地气候条件的差异，上述四种补给在不同地区的河流中所占比例差别较大。

3. 径流时空分布

（1）径流的区域分布

受降水量及地形地质条件的综合影响，年径流区域分布既有地域性的变化，又有局部的变化，我国年径流深度分布的总体趋势与降水量分布一样由东南向西北递减。

（2）径流的年际变化

径流的年际变化包括径流的年际变化幅度和径流的多年变化过程两方面。年际变化幅度常用年径流量变差系数和年径流极值比表示。

年径流变差系数大，年径流的年际变化就大，不利于水资源的开发利用，也容易发生洪涝灾害；反之，年径流的年际变化小，有利于水资源的开发利用。

影响年径流变差系数的主要因素是年降水量、径流补给类型和流域面积。降水量丰富地区，其降水量的年际变化小，植被茂盛，蒸发稳定，地表径流较丰沛，因此年径流变差系数小；反之，则年径流变差系数大。相比较而言，降水补给的年径流变差系数大于冰川、积雪融水和降水混合补给的年径流变差系数，而后者又大于地下水补给的年径流变差系数。流域面积越大，径流成分越复杂，各支流、干支流之间的径流丰枯变化可以互相调节；另外，面积越大，因河川切割很深，地下水的补给丰富而稳定。因此，流域面积越大，其年径流变差系数越小。

年径流的极值比是指最大径流量与最小径流量的比值。极值比越大，径流的年际变化越大；反之，年际变化越小。极值比的大小变化规律与变差系数同步。我国河流年际极值比最大的是淮河蚌埠站，为 23.7；最小的是怒江道街坝站，为 1.4。

径流的年际变化过程是指径流具有丰枯交替、出现连续丰水和连续枯水的周期变化，但周期的长度和变幅存在随机性。

(3) 径流的季节变化

河流径流一年内有规律的变化，叫作径流的季节变化，取决于河流径流补给来源的类型及变化规律。以雨水补给为主的河流，主要随降雨量的季节变化而变化。以冰雪融水补给为主的河流，则随气温的变化而变化。径流季节变化大的河流，容易发生干旱和洪涝灾害。

我国绝大部分地区为季风区，雨量主要集中在夏季，径流也是如此。而西部内陆河流主要靠冰雪融水补给，夏季气温高，径流集中在夏季，形成我国绝大部分地区夏季径流占优势的基本布局。

（三）蒸发

蒸发是地表或地下的水由液态或固态转化为水汽，并进入大气的物理过程，是水文循环中的基本环节之一，也是重要的水量平衡要素，对径流有直接影响。蒸发量主要取决于暴露表面的水的面积与状况，与温度、阳光辐射、风、大气压力和水中的杂质质量有关，其大小可用蒸发量或蒸发率表示。蒸发量是指某一时段如日、月、年内总蒸发掉的水层深度，以 mm 计；蒸发率是指单位时间内的蒸发量，以 mm/min 或 mm/h 计。流域或区域上的蒸发包括水面蒸发和陆面蒸发，后者包括土壤蒸发和植物蒸腾。

1. 水面蒸发

水面蒸发是指江、河、湖泊、水库和沼泽等地表水体水面上的蒸发现象。水面蒸发是最简单的蒸发方式，属饱和蒸发。影响水面蒸发的主要因素是温度、湿度、辐射、风速和气压等气象条件。因此，在地域分布上，冷湿地区水面蒸发量小，干燥、气温高的地区水面蒸发量大；高山地区水面蒸发量小，平原区水面蒸发量大。

水面蒸发的地区分布呈现出如下特点：①低温湿润地区水面蒸发量小，高温干燥地区水面蒸发量大；②蒸发低值区一般多在山区，而高值区多在平原区和高原区，平原区的水面蒸发大于山区；③水面蒸发的年内分配与气温、降水有关，年际变化不大。

我国多年平均水面蒸发量最低值为 400mm，最高可达 2600mm，相差悬殊。暴雨中心地区水面蒸发可能是低值中心，例如四川雅安天漏暴雨区，其水面蒸发为长江流域最小地区，其中荥经站的年水面蒸发量仅 564mm。

2. 陆面蒸发

(1) 土壤蒸发

土壤蒸发是指水分从土壤中以水汽形式逸出地面的现象。它比水面蒸发要复杂得多，除了受上述气象条件的影响外，还与土壤性质、土壤结构、土壤含水量、地下水位的高低、地势和植被状况等因素密切相关。

对于完全饱和、无后继水量加入的土壤，其蒸发过程大体上可分为三个阶段：第一阶段，土壤完全饱和，供水充分，蒸发在表层土壤进行，此时的蒸发率等于或接近于土壤蒸发能力，蒸发量大而稳定；第二阶段，由于水分逐渐蒸发消耗，土壤含水量转化为非饱和状态，局部表土开始干化，土壤蒸发一部分仍在地表进行，另一部分发生在土壤内部，此阶段中，随着土壤含水量的减少，供水条件越差，故其蒸发率随时间逐渐减小；第三阶段，表层土壤干涸，向深层扩展，土壤水分蒸发主要发生在土壤内部，蒸发形成的水汽由分子扩散作用通过表面干涸层逸入大气，其速度极为缓慢，蒸发量小而稳定，直至基本终止。由此可见，土壤蒸发影响土壤含水量的变化，是土壤失水的干化过程，是水文循环的重要环节。

（2）植物蒸腾

土壤中水分经植物根系吸收，输送到叶面，散发到大气中去，称为植物蒸腾或植物散发。由于植物本身参与了这个过程，并能利用叶面气孔进行调节，故是一种生物物理过程，比水面蒸发和土壤蒸发更为复杂，它与土壤环境、植物的生理结构及大气状况有密切的关系。由于植物生长于土壤中，故植物蒸腾与植物覆盖下土壤的蒸发实际上是并存的。因此，研究植物蒸腾往往和土壤蒸发合并进行。

目前陆面蒸发量一般采用水量平衡法估算，对多年平均陆面蒸发来讲，它由流域内年降水量减去年径流量而得，陆面蒸发等值线即以此方法绘制而得；除此，陆面蒸发量还可以利用经验公式来估算。

我国根据蒸发量为300mm的等值线自东北向西南将中国陆地蒸发量分布划分为两个区。①陆面蒸发量低值区（300mm等值线以西）：一般属于干旱半干旱地区，雨量少、温度低，如塔里木盆地、柴达木盆地，其多年平均陆面蒸发量小于25mm。②陆面蒸发量高值区（300mm等值线以东）：一般属于湿润与半湿润地区，我国广大的南方湿润地区雨量大，蒸发能力可以充分发挥。海南省东部多年平均陆面蒸发量可达1000mm以上。

说明陆面蒸发量的大小不仅取决于热能条件，还取决于陆面蒸发能力和陆面供水条件。陆面蒸发能力可近似地由实测水面蒸发量综合反映，而陆面供水条件则与降水量大小及其分配是否均匀有关。我国蒸发量的地区分布与降水、径流的地区分布有着密切关系，由东南向西北有明显递减趋势，供水条件是陆面蒸发的主要制约因素。

一般说来，降水量年内分配比较均匀的湿润地区，陆面蒸发量与陆面蒸发能力相差不大，如长江中下游地区，供水条件充分，陆面蒸发量的地区变化和年际变化都不是很大，年陆面蒸发量仅在550~750mm，陆面蒸发量主要由热能条件控制。但在干旱地区陆面蒸发量则远小于陆面蒸发能力，其陆面蒸发量的大小主要取决于供水条件。

3. 流域总蒸发

流域总蒸发是流域内所有的水面蒸发、土壤蒸发和植物蒸腾的总和。因为流域内气象条件和下垫面条件复杂，要直接测出流域的总蒸发几乎不可能，实用的方法是先对流域进行综合研究，再用水量平衡法或模型计算方法求出流域的总蒸发。

二、地下水资源的形成与特点

地下水是指存在于地表以下岩石和土壤的孔隙、裂隙、溶洞中的各种状态的水体，由渗透和凝结作用形成，主要来源为大气水。广义的地下水是指赋存于地面以下岩土孔隙中的水，包括包气带及饱水带中的孔隙水。狭义的地下水则指赋存于饱水带岩土孔隙中的水。地下水资源是指能被人类利用、逐年可以恢复更新的各种状态的地下水。地下水由于水量稳定、水质较好，是工农业生产和人们生活的重要水源。

（一）岩石孔隙中水的存在形式

岩石孔隙中水的存在形式主要为气态水、结合水、重力水、毛细水和固态水。

1. 气态水

以水蒸气状态储存和运动于未饱和的岩石孔隙之中，来源于地表大气中的水汽移入或岩石中其他水分蒸发，气态水可以随空气的流动而运动。空气不运动时，气态水也可以由绝对湿度大的地方向绝对湿度小的地方运动。当岩石孔隙中水汽增多达到饱和时或是当周围温度降低至露点时，气态水开始凝结成液态水而补给地下水。由于气态水的凝结不一定在蒸发地区进行，因此会影响地下水的重新分布。气态水本身不能直接开采利用，也不能被植物吸收。

2. 结合水

松散岩石颗粒表面和坚硬岩石孔隙壁面，因分子引力和静电引力作用产生使水分子被牢固地吸附在岩石颗粒表面，并在颗粒周围形成很薄的第一层水膜，称为吸着水。吸着水被牢牢地吸附在颗粒表面，其吸附力达1000atm（标准大气压），不能在重力作用下运动，故又称为强结合水。其特征为：不能流动，但可转化为气态水而移动；冰点降低至-78℃以下；不能溶解盐类，无导电性；具有极大的黏滞性和弹性；平均密度为2g/m^3。

吸着水的外层，还有许多水分子亦受到岩石颗粒引力的影响，吸附着第二层水膜，称

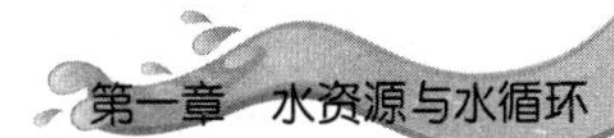

为薄膜水。薄膜水的水分子距颗粒表面较远，吸引力较弱，故又称为弱结合水。薄膜水的特点是：因引力不等，两个质点的薄膜水可以相互移动，由薄膜厚的地方向薄处转移；薄膜水的密度虽与普通水差不多，但黏滞性仍然较大；有较低的溶解盐的能力。吸着水与薄膜水统称为结合水，都是受颗粒表面的静电引力作用而被吸附在颗粒表面。它们的含水量主要取决于岩石颗粒的表面积大小，与表面积大小成正比。在包气带中，因结合水的分布是不连续的，所以不能传递静水压力；而处在地下水面以下的饱水带时，当外力大于结合水的抗剪强度时，则结合水便能传递静水压力。

3. 重力水

岩石颗粒表面的水分子增厚到一定程度，水分子的重力大于颗粒表面，会产生向下的自由运动，在孔隙中形成重力水。重力水具有液态水的一般特性，能传递静水压力，有冲刷、侵蚀和溶解能力。从井中吸出或从泉中流出的水都是重力水。重力才是研究的主要对象。

4. 毛细水

地下水面以上岩石细小孔隙中具有毛细管现象，形成一定上升高度的毛细水带。毛细水不受固体表面静电引力的作用，而受表面张力和重力的作用，称为半自由水，当两力作用达到平衡时，便保持一定的高度滞留在毛细管孔隙或小裂隙中，在地下水面以上形成毛细水带。由地下水面支撑的毛细水带，称为支持毛细水。其毛细管水面可以随着地下水位的升降和补给、蒸发作用而发生变化，但其毛细管上升高度保持不变，它只能进行垂直运动，可以传递静水压力。

5. 固态水

以固态形式存在于岩石孔隙中的水称为固态水，在多年冻结区或季节性冻结区可以见到这种水。

（二）地下水形成的条件

1. 岩层中有地下水的储存空间

岩层的孔隙性是构成具有储水与给水功能的含水层的先决条件。岩层要构成含水层，首先要有能储存地下水的孔隙、裂隙或溶隙等空间，使外部的水能进入岩层形成含水层。然而，有孔隙存在不一定就能构成含水层，如黏土层的孔隙度可达50%以上，但其孔隙几乎全被结合水或毛细水所占据，重力水很少，所以它是隔水层。透水性好的砾石层、砂石层的孔隙度较大，孔隙也大，水在重力作用下可以自由出入，所以往往形成储存重力水的含水层。坚硬的岩石，只有发育有未被填充的张性裂隙、扭性裂隙和溶隙时，才可能构成含水层。

孔隙的多少、大小、形状、连通情况与分布规律，对地下水的分布与运动有着重要的影响。按孔隙特性可将其分类为松散岩石中的孔隙、坚硬岩石中的裂隙和可溶岩石中的溶隙，分别用孔隙度、裂隙度和溶隙度表示孔隙的大小，依次定义为岩石孔隙体积与岩石体积之比、岩石裂隙体积与岩石总体积之比、可溶岩石孔隙体积与可溶岩石总体积之比。

2. 岩层中有储存、聚集地下水的地质条件

含水层的构成还必须具有一定的地质条件，才能使具有孔隙的岩层含水，并把地下水储存起来。有利于储存和聚集地下水的地质条件虽有各种形式，但概括起来不外乎是：孔隙岩层下有隔水层，使水不能向下渗漏；水平方向有隔水层阻挡，以免水全部流空。只有这样的地质条件才能使运动在岩层孔隙中的地下水长期储存下来，并充满岩层孔隙而形成含水层。如果岩层只具有孔隙而无有利于储存地下水的构造条件，这样的岩层就只能作为过水通道而构成透水层。

3. 有足够的补给来源

当岩层孔隙性好，并具有储存、聚集地下水的地质条件时，还必须有充足的补给来源才能使岩层充满重力水而构成含水层。

地下水补给量的变化，能使含水层与透水层之间相互转化。在补给来源不足、消耗量大的枯水季节里，地下水在含水层中可能被疏干，这样含水层就变成了透水层；而在补给充足的丰水季节，岩层的孔隙又被地下水充满，重新构成含水层。由此可见，补给来源不仅是形成含水层的一个重要条件，而且是决定水层水量多少和保证程度的一个主要因素。

综上所述，只有当岩层具有地下水自由出入的空间、适当的地质构造条件和充足的补给来源时，才能构成含水层。这三个条件缺一不可，但有利于储水的地质构造条件是主要的。

因为孔隙岩层存在于该地质构造中，岩孔隙的发生、发展及分布都脱离不开这样的地质环境，特别是坚硬岩层的孔隙，受构造控制更为明显；岩层孔隙的储水和补给过程也取决于地质构造条件。

（三）地下水的类型

按埋藏条件，地下水可划分为四个基本类型：土壤水（包气带水）、上层滞水、潜水和承压水。

土壤水是指吸附于土壤颗粒表面和存在于土壤孔隙中的水。

上层滞水是指包气带中局部隔水层或弱透水层上积聚的具有自由水面的重力水，是在大气降水或地表水下渗时，受包气带中局部隔水层的阻托滞留聚集而成。上层滞水埋藏的共同特点是：在透水性较好的岩层中央有不透水岩层。上层滞水因完全靠大气降水或地表水体直接入渗补给，水量受季节控制特别显著，一些范围较小的上层滞水旱季往往干枯无水，当隔水层分布较广时可作为小型生活水源和季节性水源。上层滞水的矿化度一般较低，因接近地表，水质易受到污染。

潜水是指饱水带中第一个具有自由表面含水层中的水。潜水的埋藏条件决定了潜水具有五个特征：①具有自由表面。由于潜水的上部没有连续完整的隔水顶板，因此具有自由水面，称为潜水面。有时潜水面上有局部的隔水层，且潜水充满两隔水层之间，在此范围内的潜水将承受静水压力，呈现局部承压现象。②潜水通过包气带与地表相连通，大气降水、凝结水、地表水通过包气带的孔隙通道直接渗入补给潜水，所以在一般情况下，潜水的分布区与补给区是一致的。③潜水在重力作用下，由潜水位较高处向较低处流动，其流速取决于含水层的渗透性能和水力坡度。潜水向排泄处流动时，其水位逐渐下降，形成曲线形表面。④潜水的水量、水位和化学成分随时间的变化而变化，受气候影响大，具有明显的季节性变化特征。⑤潜水较易受到污染。潜水水质变化较大，在气候湿润、补给量充足及地下水流畅通地区，往往形成矿化度低的淡水；在气候干旱与地形低洼地带或补给量贫乏及地下水径流缓慢地区，往往形成矿化度很高的咸水。

潜水分布范围大、埋藏较浅，易被人工开采。当潜水补给充足，特别是河谷地带和山间盆地中的潜水，水量比较丰富，可作为工业、农业生产和生活用水的良好水源。

承压水是指充满于上下两个稳定隔水层之间的含水层中的重力水。承压水的主要特点是有稳定的隔水顶板存在，没有自由水面，水体承受静水压力，与有压管道中的水流相似。承压水的上部隔水层称为隔水顶板，下部隔水层称为隔水底板；两隔水层之间的含水层称为承压含水层；隔水顶板到底板的垂直距离称为含水层厚度。

承压水由于有稳定的隔水顶板和底板，因而与外界联系较差，与地表的直接联系大部分被隔绝，所以其埋藏区与补给区不一致。承压含水层在出露地表部分可以接受大气降水及地表水补给，上部潜水也可越流补给承压含水层。承压水的排泄方式多种多样，可以通过标高较低的含水层出露区或断裂带排泄到地表水、潜水含水层或另外的承压含水层，也可直接排泄到地表成为上升泉。承压含水层的埋藏度一般都较潜水为大，在水位、水量、水温、水质等方面受水文气象因素、人为因素及季节变化的影响较小，因此富水性较好的承压含水层是理想的供水水源。虽然承压含水层的埋藏深度较大，但其稳定水位都常常接近或高于地表，这为开采利用创造了有利条件。

（四）地下水循环

地下水循环是指地下水的补给、径流和排泄过程，是自然界水循环的重要组成部分，不论是全球的大循环还是陆地的小循环，地下水的补给、径流、排泄都是其中的一部分。大气降水或地表水渗入地下补给地下水，地下水在地下形成径流，又通过潜水蒸发、流入地表水体及泉水涌出等形式排泄。这种补给、径流、排泄无限往复的过程即为地下水的循环。

1. 地下水补给

含水层自外界获得水量的过程称为补给。地下水的补给来源主要有大气降水、地表水、凝结水、其他含水层的补给及人工补给等。

（1）大气降水入渗补给

当大气降水降落到地表后，一部分蒸发重新回到大气，一部分变为地表径流，剩余一部分达到地面以后，向岩石、土壤的孔隙渗入，如果降雨以前土层湿度不大，则入渗的降水首先形成薄膜水。达到最大薄膜水量之后，继续入渗的水则充填颗粒之间的毛细孔隙，形成毛细水。当包气层的毛细孔隙完全被水充满时，形成重力水的连续下渗而不断地补给地下水。

在很多情况下，大气降水是地下水的主要补给方式。大气降水补给地下水的水量受到很多因素的影响，与降水强度、降水形式、植被、包气带岩性、地下水埋深等有关。一般当降水量大、降水过程长、地形平坦、植被茂盛、上部岩层透水性好、地下水埋藏深度不大时大气降水才能大量入渗补给地下水。

（2）地表水入渗补给

地表水和大气降水一样，也是地下水的主要补给来源，但时空分布特点不同。在空间分布上，大气降水入渗补给地下水呈面状补给，范围广且较均匀；而地表入渗补给一般为线状补给或呈点状补给，补给范围仅限地表水体周边。在时间分布上，大气降水补给的时间有限，具有随机性，而地表水补给的持续时间一般较长，甚至是经常性的。

地表水对地下水的补给强度主要受岩层透水性的影响，还与地表水水位与地下水水位的高差、洪水延续时间、河水流量、河水含沙量、地表水体与地下水联系范围的大小等因素有关。

（3）凝结水入渗补给

凝结水的补给是指大气中过饱和水分凝结成液态水渗入地下补给地下水。沙漠地区和干旱地区昼夜温差大，白天气温较高，空气中含水量一般不足，但夜间温度下降，空气中的水蒸气含量过于饱和，便会凝结于地表，然后入渗补给地下水。在沙漠地区及干旱地区，大气降水和地表水很少，补给地下水的部分微乎其微，因此凝结水的补给就成为这些地区地下水的主要补给来源。

（4）含水层之间的补给

两个含水层之间具有联系通道、存在水头差并有水力联系时，水头较高的含水层将水补给水头较低的含水层。其补给途径可以通过含水层之间的“天窗”发生水力联系，也可以通过含水层之间的越流方式补给。

（5）人工补给

地下水的人工补给是借助某些工程措施，人为地使地表水自流或用压力将其引入含水层，以增加地下水的渗入量。人工补给地下水具有占地少、造价低、管理易、蒸发少等优点，不仅可以增加地下水资源，还可以改善地下水水质，调节地下水温度，阻拦海水入侵，减小地面沉降。

2. 地下水径流

地下水在岩石孔隙中流动的过程称为径流。地下水径流过程是整个地球水循环的一部分。大气降水或地表水通过包气带向下渗漏，补给含水层成为地下水，地下水又在重力作用下，由水位高处向水位低处流动，最后在地形低洼处以泉的形式排出地表或直接排入地表水体，如此反复循环的过程就是地下水的径流过程。天然状态（除了某些盆地外）和开采状态下的地下水都是流动的。

影响地下水径流的方向、速度、类型、径流量的主要因素有：含水层的孔隙特性，地下水的埋藏条件、补给量、地形状况，地下水的化学成分，人类活动等。

3. 地下水排泄

含水层失去水量的作用过程称为地下水的排泄。在排泄过程中，地下水水量、水质及水位都会随之发生变化。

地下水通过泉（点状排泄）、向河流泄流（线状排泄）及蒸发（面状排泄）等形式向外界排泄。此外，一个含水层中的水可向另一个含水层排泄，也可以由人工进行排泄，如挖井开发地下水，或用钻孔、渠道排泄地下水等。人工开采是地下水排泄的最主要途径之一。当过量开采地下水，使地下水排泄量远大于补给量时，地下水的均衡就遭到破坏，造成地下水水位长期下降。只有合理地开采地下水，即开采量小于或等于地下水总补给量与总排泄量之差时，才能保证地下水的动态平衡，使地下水一直处于良性循环状态。

在地下水的排泄方式中，蒸发排泄仅耗失水量，盐分仍留在地下水中。其他类型的排泄属于径流排泄，盐分随水分同时排走。

地下水的循环可以促使地下水与地表水的相互转化。天然状态下的河流在枯水期的水位低于地下水位，河道成为地下水排泄通道，地下水转化成地表水；在洪水期的水位高于地下水位，河道中的地表水渗入地下补给地下水。平原区浅层地下水通过蒸发并入大气，再降水形成地表水，并渗入地下形成地下水。在人类活动影响下，这种转化往往会更加频繁和深入。从多年平均来看，地下水循环具有较强调节能力，存在着一排一补的周期变化。只要不超量开采地下水，在枯水年可以允许地下水有较大幅度的下降，待到丰水年地下水可得到补充，恢复到原来的平衡状态。这体现了地下水资源的可恢复性。

第三节　水循环

一、水循环的概念

水循环是指各种水体受太阳能的作用，不断地进行相互转换和周期性的循环过程。水循环一般包括降水、径流、蒸发三个阶段。降水包括雨、雪、雾、雹等形式；径流是指沿地面和地下流动着的水流，包括地面径流和地下径流；蒸发包括水面蒸发、植物蒸腾、土壤蒸发等。

自然界水循环的发生和形成应具有三方面的主要作用因素：一是水的相变特性和气液相的流动性决定了水分空间循环的可能性；二是地球引力和太阳辐射热对水的重力和热力效应是水循环发生的原动力；三是大气流动方式、方向和强度，如水汽流的传输、降水的分布及其特征、地表水流的下渗及地表和地下水径流的特征等。这些因素的综合作用，形成了自然界错综复杂、气象万千的水文现象和水循环过程。

在各种自然因素的作用下，自然界的水循环主要通过以下几种方式进行：

（一）蒸发作用

在太阳热力的作用下，各种自然水体及土壤和生物体中的水分产生汽化进入大气层中的过程统称为蒸发作用，它是海陆循环和陆地淡水形成的主要途径。海洋水的蒸发作用为陆地降水的源泉。

（二）水汽流动

太阳热力作用的变化将产生大区域的空气动风，风的作用和大气层中水汽压力的差异，是水汽流动的两个主要动力。湿润的海风将海水蒸发形成的水分源源不断地运往大

陆，是自然水分大循环的关键环节。

（三）凝结与降水过程

大气中的水汽在水分增加或温度降低时将逐步达到饱和，之后便以大气中的各种颗粒物质或尘粒为凝结核而产生凝结作用，以雹、雾、霜、雪、雨、露等各种形式的水团降落地表而形成降水。

（四）地表径流、水的下渗及地下径流

降水过程中，除了降水的蒸散作用外，降水的一部分渗入岩土层中形成各种类型的地下水，参与地下径流过程；另一部分来不及入渗，从而形成地表径流。陆地径流在重力作用下不断向低处汇流，最终复归大海完成水的一个大循环过程。在自然界复杂多变的气候、地形、水文、地质、生物及人类活动等因素的综合影响下，水分的循环与转化过程是极其复杂的。

二、地球上的水循环

地球上的水储量只是在某一瞬间储存在地球上不同空间位置上水的体积，以此来衡量不同类型水体之间量的多少。在自然界中，水体并非静止不动，而是处在不断的运动过程中，不断地循环、交替与更新，因此，在衡量地球上水储量时，要注意其时空性和变动性。地球上水的循环体现为在太阳辐射能的作用下，从海洋及陆地的江、河、湖和土壤表面及植物叶面蒸发成水蒸气上升到空中，并随大气运行至各处，在水蒸气上升和运移过程中遇冷凝结而以降水的形式又回到陆地或水体。降到地面的水，除植物吸收和蒸发外，一部分渗入地表以下成为地下径流，另一部分沿地表流动成为地面径流，并通过江河流回大海。然后又继续蒸发、运移、凝结形成降水。这种水的蒸发→降水→径流的过程周而复始、不停地进行着。通常把自然界的这种运动称为自然界的水文循环。

自然界的水文循环，根据其循环途径分为大循环和小循环。

大循环是指水在大气圈、水圈、岩石圈之间的循环过程。具体表现为：海洋中的水蒸发到大气中以后，一部分飘移到大陆上空形成积云，然后以降水的形式降落到地面。降落到地面的水，其中一部分形成地表径流，通过江河汇入海洋；另一部分则渗入地下形成地下水，又以地下径流或泉流的形式慢慢地注入江河或海洋。

小循环是指陆地或者海洋本身的水单独进行循环的过程。陆地上的水，通过蒸发作用（包括江、河、湖、水库等水面蒸发、潜水蒸发、陆面蒸发及植物蒸腾等）上升到大气中

形成积云，然后以降水的形式降落到陆地表面形成径流。海洋本身的水循环主要是海水通过蒸发形成水蒸气而上升，然后再以降水的方式降落到海洋中。

水循环是地球上最主要的物质循环之一。通过形态的变化，水在地球上起到输送热量和调节气候的作用，对于地球环境的形成、演化和人类生存都有着重大的作用和影响。水的不断循环和更新为淡水资源的不断再生提供条件，为人类和生物的生存提供基本的物质基础。

参与循环的水，无论从地球表面到大气、从海洋到陆地或从陆地到海洋，都在经常不断地更替和净化自身。地球上各类水体由于其储存条件的差异，更替周期具有很大的差别。

所谓更替周期是指在补给停止的条件下，各类水从水体中排干所需要的时间。

冰川、深层地下水和海洋水的更替周期很长，一般都在千年以上。河水更替周期较短，平均为 16d 左右。在各种水体中，以大水、河川水和土壤水最为活跃。因此在开发利用水资源过程中，应该充分考虑不同水体的更替周期和活跃程度，合理开发，以防止由于更替周期长或补给不及时，造成水资源的枯竭。

自然界的水文循环除受到太阳辐射能作用，从大循环或小循环方式不停运动之外，由于人类生产与生活活动的作用与影响，不同程度地发生“人为水循环”，可以发现，自然界的水循环在叠加人为循环后，是十分复杂的循环过程。

自然界水循环的径流部分除主要参与自然界的循环外，还参与人为水循环。水资源的人为循环过程中不能复原水与回归水之间的比例关系，以及回归水的水质状况局部改变了自然界水循环的途径与强度，使其径流条件局部发生重大或根本性改变，主要表现在对径流量和径流水质的改变。回归水（包括工业生产与生活污水处理排放、农田灌溉回归）的质量状况直接或间接地对水循环水质产生影响，如区域河流与地下水污染。人为水循环对水量的影响尤为突出，河流、湖泊来水量大幅度减少，甚至干涸，地下水水位大面积下降，径流条件发生重大改变。不可复原水量所占比例越大，对自然水文循环的扰动越剧烈，天然径流量的降低将十分显著，会引起一系列的环境与生态灾害。

三、我国水循环途径

我国地处西伯利亚干冷气团和太平洋暖湿气团进退交锋地区，一年内水汽输送和降水量的变化主要取决于太平洋暖湿气团进退的早晚和西伯利亚干冷气团强弱的变化，以及 7—8 月间太平洋西部的台风情况。

我国的水汽主要来自东南海洋，并向西北方向移运，首先在东南沿海地区形成较多的降水，越向西北，水汽量越少。来自西南方向的水汽输入也是我国水汽的重要来源，主要是由于印度洋的大量水汽随着西南季风进入我国西南，因而引起降水，但由于崇山峻岭阻隔，水汽不能深入内陆腹地。西北边疆地区，水汽来源于西风环流带来的大西洋水汽。此外，北冰洋的水汽，借强盛的北风，经西伯利亚、蒙古进入我国西北，因风力较大而稳定，有时甚至可直接通过两湖盆地而达珠江三角洲，但所含水汽量少，引起的降水量并不多。我国东北方的鄂霍次克海的水汽随东北风来到东北地区，对该地区降水起着相当大的作用。

综上所述，我国水汽主要从东南和西南方向输入，水汽输出口主要是东部沿海，输入的水汽，在一定条件下凝结、降水成为径流。其中大部分经东北的黑龙江、图们江、绥芬河、鸭绿江、辽河，华北的滦河、海河、黄河，中部的长江、淮河，东南沿海的钱塘江、闽江，华南的珠江，西南的元江、澜沧江及中国台湾各河注入太平洋；少部分经怒江、雅鲁藏布江等流入印度洋；还有很少一部分经额尔齐斯河注入北冰洋。

一个地区的河流，其径流量的大小及其变化取决于所在的地理位置，以及水循环线中外来水汽输送量的大小和季节变化，也受当地水汽蒸发多少的控制。因此，要认识一条河流的径流情势，不仅要研究本地区的气候及自然地理条件，也要研究它在大区域内水分循环途径中所处的地位。

第二章　地下水资源及其基本特征

第一节　地下水的赋存

一、包气带与饱水带

我们在松散砂层中挖井，可以发现各种形式的水有一定的分布区间。刚挖井时，土层看上去是干燥的，其实在孔隙中已有气态水，颗粒周围已吸附有结合水。向下挖，土层变得潮湿、颜色发暗，说明已出现毛细水。再向下，土的颜色变得更深、更潮湿，毛细水逐渐增多，但井中仍无水，这是因为毛细水的弯液面阻止毛细水流入井中。继续向下挖，不需多久，水便开始渗入井中，出现地下水面，这就是重力水。从出现重力水面开始，以下为饱水带，土层的所有孔隙都充满了水分，以上称为包气带，孔隙中以气态水和结合水为主。

（一）包气带

包气带自上而下可分为土壤水带、中间带和毛细水带。包气带顶部植物根系发育与微生物活动的带为土壤层，其中含有土壤水。土壤富含有机质，具有团粒结构，能以毛细水形式大量保持水分。包气带底部由地下水面支持的毛细水构成毛细水带。毛细水带的高度与岩性有关。毛细水带的下部也是饱水的，但因受毛细负压压强小于大气压强，故毛细饱中包气带厚度较大时，在土壤水带与毛细水带之间还存在中间带。若中间带由粗细不同的岩性构成时，在细粒层中可含有成层的悬挂毛细水。细粒层之上局部还可滞留重力水。

包气带水来源于大气降水的入渗、地表水体的渗漏、由地下水面通过毛细胞上升输送的水，以及地下水蒸发形成的气态水。包气带的赋存与运移受毛细力与重力的共同影响。重力使水分下移；毛细力则将水分输向孔隙细小与含水量较低的部位，在蒸发影响下，毛细力常常将水分由包气带下部输向上部。在雨季，包气带水以下渗为主；雨后，浅表的包气带水以蒸发与植物蒸腾形式向大气圈排泄，一定深度以下的包气带水则继续下渗补给饱水带。

包气带的含水量及其水盐运动受气象因素影响极为显著。另外，天然及人工植被也对其起很大作用。人类生活与生产对包气带水质的影响已经越来越强烈。包气带又是饱水带与大气圈、地表水圈联系必经的通道。饱水带通过包气带获得大气降水和地表水的补给，又通过包气带蒸发与蒸腾排泄到大气圈。因此，研究包气带水盐的形成及其运动规律对阐明饱水带水的形成具有重要意义。

（二）饱水带

地下水面以下为饱水带，饱水带岩石孔隙全部为液态水所充满，既有重力水也有结合水。饱水带内渗透系数 K 是一个常数，不随压力水头变化，地下水连续分布，能传递静水压力，能连续运动。

二、含水层和隔水层

地下水面以下是饱水带，饱水带的岩层孔隙中充满了水，开发利用地下水或排除地下水，主要都是针对饱水带而言的。饱水带的岩层，根据其给出与透过水的能力，划分为含水层及隔水层。所谓含水层，是指能够给出并透过相当数量水的岩层。含水层不但储存有水，而且水可以在其中运移。因此，含水层应是孔隙发育的具有良好给水性和强透水性的岩层。如各种砂土、砾石、裂隙和溶穴发育的坚硬岩石。

隔水层是指那些不能给出并透过水的岩层，或者这些岩层给出与透过的水数量是微不足道的。因此，隔水层具有良好的持水性，而其给水性和透水性均不良，如黏土、页岩和灰岩等。

在实际工作中划分含水层与隔水层时，不仅要根据是否能透过并给水，而且要考虑岩层所给出的水的数量是否满足开采利用的实际需要，或者是否对工程设施构成危害。含水层和隔水层的划分是相对的，并不存在截然的界限或绝对的定量标志。从某种意义上讲，含水层和隔水层是相比较而存在的。

含水层首先应该是透水层，是透水层中位于地下水位以下经常为地下水所饱和的部分，上部未饱和部分则是透水不含水层。故一个透水层可以是含水层，如冲积砂砾含水层；也可以是透水不含水层，如坡积亚砂土层；还可以是一部分位于水面以下的是含水层，另一部分位于水面以上为透水不含水层。

由上可知，含水层的形成应具备一定的条件：

（一）岩层具有储存重力水的空间

这里所指的主要是各类孔隙，即松散岩石的孔隙、坚硬岩石的裂隙和溶穴等。岩石的孔隙越大，数量越多，连通性越好，储存和通过的重力水就越多，越有利于形成含水层。如透水性强的砂砾石便是良好的含水层；坚硬砂岩的孔隙虽不发育，但发育构造裂隙和风化裂隙，裂隙成为其主要的储水空间，所以砂岩是含水层。河南驻马店一带的黏土，因为裂隙发育含有地下水，成为当地农业灌溉的供水水源，在这里黏土也是含水层。

（二）具备储存地下水的地质结构

具有孔隙的岩层还必须有一定的地质构造条件才能储存水。河流冲积层由下部砂砾层和上部细砂层组成。二者都具有良好的透水性，上部砂层接受大气降水补给后要向下渗透到砾石，本身成为包气带，成为透水不含水层；下部砾石层接受来自上部砂层水的补给后，在向下渗透过程中遇下伏的不透水黏土层的阻隔而聚积、储存起来成为含水层。因此，一个含水层的形成必须有透水层和不透水层组合在一起，才能形成含水地质。含水地质结构有两种基本形式：

透水—含水—隔水形式：如大部分松散沉积物和基岩裸露地区，透水层大面积出露地表，接受补给后，沿孔隙往下渗透，到隔水层或裂隙不发育的基岩面，便在透水的孔隙中积聚、储存起来形成含水层，其上未饱水的部分成为透水不含水层。

隔水—含水—隔水形式：如透水岩层大部分为隔水层覆盖，仅在其出露地表的局部范围内方可接受补给，由于下伏有不透水层，水充满整个透水岩层，常具承压性。如山前平原或冲积平原深部的砂砾石透水层、煤系地层中裂陷、溶穴发育的坚硬基岩等均为这种类型的含水层。

（三）具有充足的补给水源

一个含水层的形成除了有储容水的空间和储存水的地质条件以外，还应该有一定的补给条件，方对供水和排水具有一定的实际意义。首先形成含水层的透水岩层应部分或全部地出露地表以便接受大气降水和地表水的补给；或在顶底的隔水等通道，通过这些通道，可以得到其他含水层补给。充足的补给来源、丰富的补给量是决定含水层水量大小和保证程度的重要因素，否则该岩层充其量只是一个透水的岩层而不能形成含水层。

含水层与隔水层只是相对而言，并不存在截然的界限，二者是通过比较而存在的。如河床冲积相粗砂层中夹粉砂层，粉砂层由于透水性小，可视为相对隔水层；但是该粉砂层若夹在黏土中，粉砂层因其透水性较大则成为含水层，黏土层作为隔水层。由此可见，同样是粉砂层在不同地质条件下可能具有不同的含水意义。含水层的相对性也表现在所给出的水是否具有实际价值，即是否能满足开采利用的实际需要或是否对采矿等工程造成危害。如南方广泛分布的红色砂泥岩，涌水量较小，若与砂砾层孔隙水或灰岩岩溶水相比，由于水量太小对供水与煤矿充水不具实际意义，可视作隔水层，但对广大分散缺水的农村来说在红层中打井取水既可解决生活供水，也可作为一部分灌溉水源，成为有意义的含水层，如湖南、川中、浙江某些盆地中的红层地下水是生活和灌溉用水的主要水源。

含水层的相对性还表现在含水层与隔水层之间可以互相转化。如黏土，通常情况下是良好的隔水层，但在地下深处较大的水头差作用下，当其水头梯度大于起始水力坡度，也可能发生越流补给，透过并给出一定数量的水而成为含水层。在北方煤矿区，在奥陶系灰岩和太原组薄层灰岩间，隔有数十层本溪组和太原组的砂页岩和铝土页岩，通常由于断层闭合或被充填而不导水，故在天然状态下是良好的隔水层。

从极端的意义上讲，自然界不存在没有孔隙的岩层，因此实际上也不存在不含有水的岩层，关键在于所含的水的性质。孔隙细小的岩层，含有的几乎全是结合水，结合水在寻常条件是不能移动的，这类岩层起着阻隔水通过的作用，所以是隔水层。孔隙较大的岩层，主要含有重力水，在重力影响下能给出与透过水，就构成含水层。孔隙越大，重力水所占的比例越大，水在孔隙中运动时所受阻力越小，透水性便越好。所以，卵砾石、具有宽大的张开裂隙与溶穴的岩层，构成透水良好的含水层。

判断一个岩层是含水层还是隔水层时，必须仔细观察各种有关现象，并进行缜密分析，这样方能得出比较合乎实际的结论。例如，在一般情况下，黏土的孔隙极其微细，通常是隔水层，可是有些地方却从黏土中取得了数量可观的地下水。原因是这些黏土或者发育有干缩裂隙，或者发育有结构孔隙，或者有较多的虫孔与根孔。再如，某些种类的片麻岩往往只发育闭合裂隙，从整体上说属于隔水层；但是断层带却可构成良好的含水带。薄层状泥质与砂质或钙质互层的沉积岩，张开裂隙顺着砂质及钙质薄层发育，在这种情况下，顺层方向岩层是透水的，垂直层面方向上却是隔水的，这就是岩层透水性的各向异性。均一岩性的块状岩层，当构造裂隙沿着某一方向特别发育时，透水性也表现某种程度的各向异性。上述例子足以说明，根据实际情况对岩层透水性进行具体分析是何等必要。

含水层这一名称对松散岩石很适用。因为松散岩层常呈层状，在同一地层内可按岩性区分为不同单元，而在同一岩性单元中透水与给水能力比较均匀一致，地下水分布是呈层状的，对于裂隙基岩来说，地层中裂隙发育均匀时，地下水均匀分布于全含水层也是合适的。但当裂隙发育受局部构造因素控制，在同一地层中分布极不均匀时，同一岩层的透水与给水能力相差很大。例如，当一条较大的断层穿越不同地层时，尽管岩性不同，断裂带却可能具有较为一致的透水与给水能力。这种情况下将其称为含水带更为合适。

岩溶的发育常限于具有一定岩性的可溶岩层中，从这个意义上讲，可以说是含水层，因为地下水确实分布于该层之中。但是，岩溶的发育极不均一，地下水主要赋存于以主要岩溶通道为中心的岩溶系统中，别的部分含水很少，实际上地下水并未遍布于某一层次中。对于含水的岩溶化地层说来，所谓含水层，实际上只说明在某一岩层中某些部位（岩溶系统中）可能含水，而并非在整个岩层中部含有水。因此，称之为岩溶含水系统更为恰当些。

实际工作中如按含水层的含义严格划分，尚不能满足生产的需要。为此需要有含水带、含水段、含水岩组、含水岩系的划分。

1. 含水带

含水带是指局部的、呈条带状分布的含水地段。在含水极不均匀的岩层中，如果简单地把它们划归为含水层或隔水层，显然是不符合实际的，特别是在裂隙或溶穴发育的基岩山区，应按裂隙、岩溶的发育和分布及含水情况，在平面上划分出含水地段——含水带。如穿越不同成因、岩性、时代的含水断裂破碎带，可划分为一个含水带。

2. 含水段

含水段是指同一厚度较大的含水层，按其含水程度在剖面上划分的区段。例如，华北一些地区的奥陶系石灰岩，厚度达几百米，而且其中没有很好的隔水层，从上部到下部有水力联系，可以划分为一个统一的含水层。但在生产实践中发现，该灰岩含水并不均匀，某些地段裂隙、岩溶比较发育，水量较大；有些地段裂隙、岩溶不发育，水量很小。因此，有必要进一步把它划分为强含水段、弱含水段或隔水段，这就为矿山排水和供水工程设计提供了可靠的依据。

3. 含水岩组

把几个水文地质特征基本相同（或相似）且不受地层层位限制的含水层归并在一起，称为一个含水岩组。如我国北方晚古生代煤田，其中石河子组砂页岩互层，多达数十层，总厚度数百米，可将其归并为几个含水岩组。有些第四纪松散沉积物的砂层中，常夹有薄层黏性土（或呈透镜状），但其上下砂层之间有水力联系，有统一的地下水位，化学成分亦相近，可划归为一个含水岩组。

4. 含水岩系

在开展地区性的大范围的水文地质研究和编图时，往往将几个水文地质条件相近的含水岩组划为一含水岩系。同一含水岩系的几个含水岩组彼此之间可以有隔水层存在。如第四系含水岩系、基岩裂隙水含水岩系或岩溶水含水岩系等。

三、不同埋藏条件的地下水

按地下水的埋藏条件划分为上层滞水、潜水、承压水三类。

（一）上层滞水

上层滞水是存在于包气带中，局部隔水层之上的重力水。上层滞水的形成主要取决于包气带岩性的组合，以及地形和地质构造特征。一般地形平坦、低凹，或地质构造（平缓地层及向斜）有利于汇集地下水的地区，地表岩石透水性好，包气带中又存在一定范围的隔水层，有补给水入渗时，就易形成上层滞水。

松散沉积层、裂隙岩层及可溶性岩层中都可埋藏有上层滞水，但由于其水量不大，且季节变化强烈，一般在雨季水量大些，可做小型供水水源，而到旱季水量减少，甚至干枯。上层滞水的补给区和分布区一致，由当地接受降水或地表水入渗补给，以蒸发或向隔水底板边缘进行侧向散流排泄。上层滞水一般矿化度较低，由于直接与地表相通，水质易受污染。

（二）潜水

1. 潜水的埋藏条件和特征

潜水是埋藏于地表以下、第一个稳定隔水层以上、具有自由水面的含水层中的重力水。潜水一般埋藏于松散沉积物的孔隙中，以及裸露基岩的裂隙、溶穴中。

潜水的自由表面称为潜水面。潜水面至地面的垂直距离称为潜水的埋藏深度（T）。潜水面上任一点的标高称该点的潜水位（H）。潜水面至隔水底板的垂直距离称潜水含水层的厚度（h），它是随潜水面的变化而变化的。

潜水的埋藏条件决定了潜水的以下特征：

潜水具有自由水面。因顶部没有连续的隔水层，潜水面不承受静水压力，是一个仅承受大气压力作用的自由表面，故为无压水。潜水在重力作用下，由高水位向低水位流动。在潜水面以下局部地区存在隔水层时，可造成潜水的局部承压现象。潜水因无隔水顶板，大气降水、地表水等可以通过包气带直接渗入补给潜水，故潜水的分布区和补给区经常是一致的。潜水的水位、水量、水质等动态变化与气象水文、地形等因素密切相关，因此，其动态变化有明显的季节性、地区性。如降雨季节含水层获得补给，水位上升，含水层变厚，埋深变浅，水量增大，水质变淡。干旱季节排泄量大于补给量，水位下降，含水层变薄、埋深加大。湿润气候、地形切割强烈时，易形成矿化度低的淡水；干旱气候、低平地形时，常形成咸水。潜水易受人为因素的污染。因顶部没有连续隔水层且埋藏一般较浅，污染物易随入渗水流进入含水层，影响水质；潜水因埋藏浅，补给来源充沛，水量较丰富，易于开发利用，是重要的供水水源。

2. 潜水面的形状及其表示方法

（1）潜水面的形状及其影响因素

潜水面的形状是潜水的重要特征之一，它一方面反映外界因素对潜水的影响，另一方面也反映潜水的特点，如流向、水力坡度等。

潜水在重力作用下从高处向低处流动，称潜水流。在潜水流的渗透途径上，任意两点的水位差与该两点间的距离之比，称为该处的水力坡度（梯度）。

一般情况下，潜水面是呈向排泄区倾斜的曲面。潜水面的形状和水力坡度受地形地貌，含水层的透水性、厚度变化及隔水底板起伏，气象水文因素和人为因素等的影响。

潜水面的起伏和地表的起伏大体一致，但较地形平缓。一般潜水的水力坡度很小，平原区常为千分之几或更小，山区可达百分之几或更大。这是因为不同地区的水文网发育程度和切割程度不同，潜水的排泄条件也不同，排泄条件好的，潜水面坡度就大，反之则小。古凹地中埋藏的潜水，潜水面可以是水平的，当潜水不能溢出古凹地时则成为潜水湖，能溢出时变为潜水流。如山东张夏河谷盆地中，在干旱季节潜水就成潜水湖，而雨季补给充沛时就转化为潜水流。

当含水层变厚，透水性变好时，水力坡度也随之变小，潜水面平缓；反之，水力坡度变大，潜水面变陡。

隔水底板凹陷处含水层变厚，潜水面变缓；隔水底板隆起处，潜水流受阻，含水层变薄，潜水面突起，甚至接近地表或溢出地表形成泉。

在河流的上游地段，水文网下切至含水层时，潜水补给河水，潜水面向河流或冲沟倾斜；在河流的下游地段，河水位高于潜水，河水补给潜水，潜水面便倾向于含水层。在河间地带，潜水面的形状取决于两河水位的关系，可以形成分水岭；也可以向一方倾斜，由高水位河流向低水位河流渗透。人为因素的影响可急剧改变潜水面形状。如集中开采区可形成中心水位下降数十米的降落漏斗。水库回水使地下水水位大幅度升高，不仅改变潜水面形状而且可改变补排关系。

（2）潜水面的表示方法和意义

潜水面的形状和特征在图上通常有两种表示方法：水文地质剖面图和等水位线图。

水文地质剖面图是在具有代表性的剖面线上，按一定比例尺，根据水文地质调查所获得的地形、地质及水文地质资料绘制而成。该图上不仅要表示含水层、隔水层的岩性和厚度的变化情况及各层的层位关系等地质情况，还应把各水文地质点（钻孔、井、泉等）的位置、水量和水质标于图上，并标上各水文地质点同一时期的水位，连出潜水的水位线。水文地质剖面图可以反映出潜水面形状和地形、隔水底板、含水层厚度及岩性等关系。

潜水等水位线图就是潜水面的等高线图。它是在一定比例尺的平面图上（通常以地形等高线图作底图），按一定的水位间隔（等间距），将某一时期潜水位相同的各点连接成线，这就是水位等高线。由于潜水位是随时间而变化的，所以在编制潜水等水位线图时，必须利用同一时期的水位资料。具体编制方法与地形等高线图的编制方法相仿。

根据等水位线图可以解决以下几方面的实际问题：

①确定潜水的流向

潜水流向始终是沿着潜水面坡度最大的方向流动，即沿垂直等水位线的方向由高水位向低水位运动。

②确定潜水面的水力坡度

相邻两条等水位线的水位差除以其水平距离即为潜水面坡度，当潜水面坡度不大时，可视为潜水的水力坡度（梯度）。

③判断潜水和地表水的补排关系

在标有河水位的潜水等水位线图上，根据图中地下水的流向，就能确定潜水与地表水的补排关系。

④确定潜水埋藏深度

等水位线与地形等高线相交之点，二者的高程之差，即为该点潜水的埋藏深度。

根据各点的埋藏深度，将埋藏深度相同的点连成等线，可以绘出潜水埋藏深度图。

⑤确定泉水出露位置和沼泽化范围

地形等高线与潜水等水位线标高相等且相交的地点，为泉水出露点，或是与潜水有联系的湖、沼等地表水体。

⑥推断含水层岩性或厚度的变化

当地形坡度无明显变化，而等水位线变密处，表征该处含水层透水性能变差，或含水层厚度变小；反之，等水位线变稀的地方，则可能是含水层透水性变好或厚度增大的地方。

⑦确定含水层厚度

当已知隔水底板高程时，可用潜水位高程减去隔水底板高程，即得该点含水层厚度。

⑧作为布置引水工程设施的依据

取水工程最好布置在潜水流汇合的地区，或潜水集中排泄的地段。取水建筑物排列方向一般应垂直地下水流向，即与等水位线相一致。

综上所述，潜水的基本特点是与大气圈及地表水圈联系密切，积极参与水循环。产生此特点的根本原因是其埋藏特征——位置浅，上部无连续隔水层。

（三）承压水（自流水）

1. 承压水的特征和埋藏条件

（1）承压水的基本特征

充满于两个稳定隔水层（弱透水层）之间的含水层中的重力水，称为承压水。当这种含水层中未被水充满时，其性质与潜水相似，称为无压层间水。承压含水层上部的隔水层（弱透水层）称为隔水顶板。下部的隔水层（弱透水层）称为隔水底板。顶底板之间的距离称为含水层厚度。钻孔（井）未揭穿隔水顶板则见不到承压水，当隔水顶板被钻孔打穿后，在静水压力作用下，含水层中的水便上升到隔水顶板以上某一高度，最终稳定下来，此时的水位称稳定水位。钻孔或井中稳定水位的高程称含水层在该点的承压水位或测压水位。地面至承压水位的垂直距离称为承压水位埋藏深度。隔水顶板底面的高程称为承压水的初见水位，即揭穿顶板时见到的水面。隔水顶板底面到承压水位之间的垂直距离称为承压水头或承压高度。承压水位高出地表高程时，承压水被揭穿后便可喷出地表而自流。各点承压水位连成的面便是承压水位面。

由于承压水有隔水顶板，因而它具有与潜水不同的一系列特征。

承压水具有承压性：当钻孔揭露承压含水层时，在静水压力的作用下，初见水位与稳定水位不一致，稳定水位高于初见水位。

承压水的补给区和分布区不一致：因为承压水具有隔水顶板，因而大气降水及地表水只能在补给区进行补给，故承压水补给区常小于其分布区。补给区位于地形较高的含水层出露的位置，排泄区位于地形较补给区低的位置。

承压水的动态变化不显著：承压水因受隔水顶板的限制，它与大气圈、地表水圈联系较差，只有在承压区两端出露于地表的非承压区进行补排。因此，承压水的动态变化受气象（气候）和水文因素影响较小，其动态比较稳定。同时，由于其补给区总是小于承压区的分布，故承压水的资源不像潜水那样容易得到补充和恢复。但当其分布范围及厚度较大时，往往具有良好的多年调节性能。

承压水的化学成分一般比较复杂：同潜水相似，承压水主要来源于现代大气降水与地表水的入渗。但是，由于承压水的埋藏条件使其与外界的联系受到限制，其化学成分随循环交替条件的不同而变化较大。与外界联系越密切，参加水循环越积极，其水质常为含盐量低的淡水；反之，则水的含盐量就高。如在大型构造盆地的同一含水层内，可以出现低矿化的淡水和高矿化的卤水，以及某些稀有元素或高温热水，水质变化比较复杂。

承压含水层的厚度，一般不随补排量的增减而变化：潜水获得补给或进行排泄时，随着水量增加或减少，潜水位抬高或降低，含水层厚度加大或变薄。承压水接受补给时，由于隔水顶板的限制，不是通过增加含水层厚度来容纳水量。补给时测压水位上升，一方面，由于压强增大含水层中水的密度加大；另一方面，由于孔隙水压力增大，含水层骨架有效应力降低，发生回弹，孔隙度增大（含水层厚度仅有少量的增加）。排泄时，测压水位降低，减少的水量则表现为含水层中水的密度变小及骨架孔隙度减小。也就是说，承压含水层水量增减（补排）时，其测压水位亦因之而升降，但含水层的厚度不发生显著变化。

承压水一般不易受污染：由于有隔水顶板的隔离，承压水一般不易受污染，但一旦污染后则很难净化。因此，利用承压水做供水水源时，应注意水源地的卫生防护。

（2）承压水的埋藏条件

承压水的形成首先取决于地质构造。在适宜地质构造条件下，无论是孔隙水、裂隙水或岩溶水均能形成承压水。不同构造条件下，承压水的埋藏类型也不同。承压水主要埋藏于大的向斜构造、单斜构造中。向斜构造构成向斜盆地蓄水构造，称为承压盆地。单斜构造构成单斜蓄水构造，称为承压斜地。

①承压盆地

承压盆地按其水文地质特征可分为三个组成部分：补给区、承压区和排泄区。在承压区上游，位置较高处含水层出露的范围称为补给区。补给区没有隔水顶板，具有潜水性质，它直接受降水或其他水源的入渗补给，水循环交替条件好，常为淡水。含水层有隔水顶板的地区称为承压区，此处地下水具有承压水的一切特征。在承压区下游，位置较低处含水层出露的范围称为排泄区。排泄区地下水常以上升泉的形式排泄，流量较稳定，矿化度一般较高，常有温泉出露。

承压盆地在不同深度上有时可有几个承压含水层，它们各自有不同的承压水位。当地形与蓄水构造一致时，称为正地形。此时，下部含水层的承压水位高于含水层的承压水位；反之，当地形与蓄水构造不一致时，称为负地形，此时，下部含水层的承压水位低于上部含水层的承压水位。水位高低不同，可造成含水层之间通过弱透水层或断层等通路而发生水力联系，形成含水间的补给关系，高水位含水层的水补给低水位含水层。

②承压斜地

承压斜地的形成可以有三种不同情况：第一种是单斜含水层被断层所截形成的承压斜地；第二种是含水层岩性发生相变或尖灭形成承压斜地；第三种是单斜含水岩层被侵入岩体阻截形成的承压斜地。

2. 承压水等水压线图

承压水的等水压线图就是承压水测压水位面的等高线图。它是反映承压水特征的一种基本图件。可以根据若干个井孔中，同一时期测得的某一承压含水层的水位资料绘制。其绘制方法与绘制潜水等水位线图相同。等水压线图，可以反映承压水面（测压水位面）的起伏情况。承压水面与潜水面不同之处，在于潜水面是一个实际存在的面，而承压水面是一个虚构的面，这个面可以与地形极不吻合，甚至高于地表（正水头区），只有当钻孔揭露承压含水层时，才能测得。因此，等水压线图通常要附以含水层顶板等高线。

在同一个承压盆地中，可以有几个承压含水层，每个含水层分别有其补给区和排泄区，因此就有各不相同的测压水位面，当然它们的等水压线图也各不相同。

由于承压含水层的埋藏深度比较大，因此要得到不同含水层的测压水位，必然要增加很多勘测工作量，必须考虑到绘制此图的必要性。

利用等水压线图可以解决以下实际问题：

确定承压水的流向：承压水的流向垂直于等水压线，由高水位向低水位运动。

确定承压水的水力坡度、判断含水层岩性和厚度的变化：承压水水力坡度的确定与潜水一致。承压水与潜水相似，测压水面的变化与岩性和含水层厚度变化有关。

确定承压水位埋藏深度：地面高程减去相应点的承压水位即可。承压水位埋藏深度越小，开采利用就越方便。该值是负值时，水便自流（喷出）涌出地表。据此可选择开采承压水的地点。该值是正值时，为非自流区。

确定承压含水层的埋藏深度：用地面高程减去相应点含水层顶板高程即得。了解承压含水层的埋藏深度情况，有助于选择地下工程的位置和开采承压水的地点。

确定承压水水头值的大小：承压水位减去相应点含水层顶板高程，即为承压水水头值。根据承压水水头，可以预测开挖基坑、洞室和矿山坑道时的水压力。

可以确定潜水与承压水间的相互关系：将等水压线与潜水等水位线绘在一张纸上，根据它们之间的相互关系，可以判断二者间是否有水力联系。如在潜水含水层厚度与透水性变化不大的地段，出现潜水等水位线隆起或凹陷的现象，可初步判断此地段承压水与潜水可能通过“天窗”或导水断裂产生了水力联系。

上述按地下水的埋藏条件分为包气带水、潜水和承压水三种类型。自然界中水文地质条件是复杂多变的，各类地下水经常处于相互联系转化中。不同地区，各类地下水往往是单独出现，或两种以上的地下水类型同时并存。它们之间有时有水力联系或相互补给关系。在工作中，要根据实际情况，结合当地的地质、水文地质条件，总结不同地区地下水类型模式及各类地下水的特征是十分重要的。

3. 潜水与承压水的相互转化

在自然与人为条件下，潜水与承压水经常处于相互转化之中。显然，除构造封闭条件下与外界没有联系的承压含水层外，所有承压水最终都是由潜水转化而来；或由补给区的潜水测向流入，或通过弱透水层接受潜水的补给。

对于孔隙含水系统，承压水与潜水的转化更为频繁。孔隙含水系统中不存在严格意义上的隔水层，只有作为弱透水层的黏性土层。山前倾斜平原，缺乏连续的厚度较大的黏性土层，分布着潜水；进入平原后，作为弱透水层的黏性土层与砂层交互分布，浅部发育潜水（赋存于砂土与黏性土层中），深部分布着由山前倾斜平原潜水补给形成的承压水。由于承压水水头高，在此通过弱透水层补给其上的潜水。因此，在这类孔隙含水系统中，天然条件下，存在着山前倾斜平原潜水转化为平原承压水，最后又转化为平原潜水的过程。

天然条件下，平原潜水同时接受来自上部降水入渗补给及来自下部承压水越流补给。随着深度加大，降水补给的份额减少，承压水补给的比例加大。同时，黏性土层也向下逐渐增多。因此，含水层的承压性是自上而下逐渐加强的。换句话说，平原潜水与承压水的转化是自上而下逐渐发生的，两者的界限不是截然分明的。开采平原深部承压水后其水位低于潜水时，潜水便反过来成为承压水的补给源。

基岩组成的自流斜地中，由于断层不导水，天然条件下，潜水及与其相邻的承压水通过共同的排泄区以泉的形式排泄。含水层深部的承压水则基本上是停滞的。如果在含水层的承压部分打井取水，井周围测压水位下降，潜水便全部转化为承压水由开采排泄了。由此可见，作为分类，潜水和承压水的界限是十分明确的，但是，自然界中的复杂情况远非简单的分类所能包容，实际情况下往往存在着各种过渡与转化的状态，切忌用绝对的、固定不变的观点去分析水文地质问题。

第二节　地下水的运动

一、地下水运动的分类

（一）层流与湍流

渗流的运动状态有两种类型，即层流与湍流。在岩石孔隙中，渗流的水质点有秩序地呈相互平行而不混杂的运动，称为层流；湍流则不然，在运动中水质点运动无秩序，且相互混杂，其流线杂乱无章。

层流和湍流两种状态，取决于岩石孔隙大小、形状和渗流的速度。由于地下水在岩石中的渗流速度缓慢，绝大多数情况下地下水的运动属于层流。一般认为，地下水通过大溶洞、大裂隙时，才可能出现湍流状态。在人工开采地下水的条件下，取水构筑物附近由于过水断面减小使地下水流动速度增加很大，常常成为湍流区。

（二）稳定流与非稳定流

根据地下水运动要素随时间变化程度的不同，渗流分为稳定流与非稳定流两种。在渗流场内各运动要素（流速、流量、水位）不随时间变化的地下运动，称为稳定流；若地下水运动要素随时间发生变化，称为非稳定流。严格地讲，自然界中地下水呈非稳定流运动是普遍的，而稳定流是非稳定流的一种特殊情况。

（三）缓变运动与急变运动

大多数天然地下水运动属于缓变运动，这种运动具有如下特征：①流线的弯曲很小或流线的曲率半径很大，近似于一条直线；②相邻路线之间的夹角很小，或流线近乎平行。

不具备上述条件的称为急变运动。

在缓变运动中，各过水断面可以看成是一个水平面，在同一过水断面上各点的水头都相等。这样假设的结果，就可以把本来属于空间流动（三维流运动）的地下水流，简化为平面流（二维流运动），以便用解平面流的方法去解决复杂的三维流问题。

二、地下水运动的特点

（一）曲折复杂的水流通道

由于储存地下水的孔隙的形状、大小和连通程度等的变化，地下水的运动通道是十分曲折而复杂的。但在实际研究地下水运动规律时，并不是（也不可能）研究每个实际通道中具体的水流特征，而是只能研究岩石内平均直线水流通道中的水流运动特征。这种方法实际上是用充满含水层（包括全部孔隙和岩石颗粒本身所占的空间）的假想水流来代替仅仅在岩石孔隙中运动的真正水流，其假想的条件主要有：假想水流通过任意断面的流量必须等于真正水流通过同一断面的流量，假想水流在任意断面的水头必须等于真正水流在同一断面的水头，假想水流通过岩石所受到的阻力必须等于真正水流所受到的阻力。

（二）迟缓的流速

河道或管网中水的流速通常都在 1m/s 左右，有时也会每秒几米以上。但地下水由于通道曲折复杂，水流受到很大的阻力，因而流速一般很缓慢，常常用 m/d 来衡量。自然界地下水一般在孔隙或裂隙中的流速是几米每天，甚至小于 1m/d。地下水在曲折的通道中的缓慢流动称为渗流，或称渗透水流，渗透水流通过的含水层横断面称为过水断面。渗流按地下水饱和程度的不同，可分为饱和渗流和非饱和渗流。前者包括潜水和承压水，主要在重力作用下运动；后者是指包气带中的毛管水和结合水运动，主要受毛管力和骨架吸引力的控制。

（三）非稳定、缓变流运动

地下水在自然界的绝大多数情况下是非稳定、缓变流运动。地下水非稳定运动是指地下水流的运动要素（渗透流速、流量、水头等）都随时间而变化。地下水主要来源于大气降水、地表水体及凝结水渗入，受气候因素影响较大，有明显的季节性，而且消耗（蒸发、排泄和人工开采等）又是在地下水的运动中不断进行的，这就决定了地下水在绝大多数情况下都是非稳定流运动。不过地下水流速、流量及水头变化不仅幅度小，而且变化的速度较慢，一般情况下地下水全年的变化幅度是几米，甚至仅 1~2m，这是地下水非稳定流的主要特点。因此，人们常常把地下水运动要素变化不大的时段近似地当作稳定流处理，这样研究地下水的运动规律就变得方便了很多。但如果是人工开采，使区域地下水位逐年持续下降，那么地下水的非稳定流运动就不可忽视。

在天然条件下地下水流一般都呈缓变流动，流线弯曲度很小，近似于一条直线；相邻流线之间夹角较小，近似于平行。在这样的缓变流动中，地下水的各过水断面可当作一个直面，同一过水断面上各点的水头亦可当作是相等的，这样假设的结果就可把本来属于空间流动的地下水流，简化成为平面流，这样就可使计算简单化。

三、地下水流向井的稳定流理论

（一）取水构筑物的类型

为了解决开采地下水及其他目的，需要用取水构筑物来揭露地下水。取水构筑物类型很多，按其空间位置可分为垂直的和水平的两类。垂直的取水构筑物是指构筑物的设置方向与地表大致垂直，如钻孔、水井等；水平的取水构筑物是指构筑物的设置方向与地表大致平行，如排水沟、渗渠等。按揭露的对象又可分为潜水取水构筑物（如潜水井）和承压水取水构筑物（如承压井）两类。此外，按揭露整个含水层的程度和进水条件可分为完整的和非完整的两类。

（二）地下水流向潜水完整井的稳定流

在潜水井中以不变的抽水强度进行抽水，随着井内水位的下降，在抽水井周围会形成漏斗状的下降区，经过相当长的时间以后，漏斗的扩展速度逐渐变小，若井内的水位和水量都会达到稳定状态，这时的水流称为潜水稳定流，在井的周围形成了稳定的圆形漏斗状潜水面，称为降落漏斗，漏斗的半径 R 称为影响半径。

潜水完整井稳定流计算公式的推导需要有如下必要的简化和假设条件：①含水层均质各向同性，隔水底板为水平；②天然水力坡度为零；③抽水时影响半径范围内无渗入和蒸发，各过水断面上的流量不变，且影响半径的圆周上定水头边界。

于是，在平面上，潜水井抽水形成的流线是沿着半径方向指向井，等水位线为同心圆状。在剖面上，流线是一系列的曲线，最上部的流线是曲率最大的一条凸形曲线，叫作降落曲线（也可以叫作浸润曲线），下部曲率逐渐变缓成为与隔水层近乎平行的直线，底部流线是水平直线；等水头面是一个曲面，近井曲率较大，远井曲率逐渐变小。在空间上，等水头面是绕井轴旋转的曲面。在这种情况下，渗流速度方向是倾斜的，渗透速度是既有水平分量，又有垂直分量，给计算带来很大的困难。考虑到远离抽水井等水头面接近圆柱面，流速的垂直分速度很小，因此可忽略垂直分速度，将地下水向潜水完整井的流动视为平面流。

取坐标，设井轴为方轴（向上为正），沿隔水板取井径方向为 r 轴，把等水头面（过水断面）近似地看作同心的圆柱面，地下水的过水断面就是圆柱体的侧面积。即：

$$\omega = 2\pi rh$$

地下水流向潜水完整井的过程中，水力坡度是个变量，任意过水断面处的水力坡度可表示为：

$$i = \frac{\mathrm{d}h}{\mathrm{d}r}$$

将上述 w 和 i 代入式 $i = \frac{\mathrm{d}h}{\mathrm{d}r}$，裘布依微分方程式，即地下水通过任意过水断面的运动方程为：

$$Q = K\omega i = 2K\pi xy\frac{\mathrm{d}y}{\mathrm{d}x}$$

通过分离变量并积分，将 y 从 h 到 H，x 从 r 到 R 进行定积分，即：

$$Q\int_{r}^{R}\frac{\mathrm{d}x}{x} = 2\pi K\int_{h}^{H}y \cdot \mathrm{d}y$$

$$Q(\ln R - \ln r) = \pi K(H^2 - h^2)$$

移项得：

$$Q = \frac{\pi K(H^2 - h^2)}{\ln R - \ln r} = \frac{\pi K(H^2 - h^2)}{\ln\frac{R}{r}} = \frac{3.14K(H^2 - h^2)}{2.3\lg\frac{R}{r}} = 1.36K\frac{H^2 - h^2}{\lg\frac{R}{r}}$$

此即为潜水完整井稳定运动时涌水量计算公式。由于生产上多习惯用地下水位降深 s，因此上式也可表示为：

$$Q = 1.36K\frac{(2H - s)s}{\lg\frac{R}{r}}$$

式中：K——渗透系数，m/d；

H——潜水含水层厚度，m；

h——井内动水位至含水层底板的距离，m；

R——影响半径，m；

s——井内水位下降深度，m；

r——井半径或管井过滤器半径，m。

（三）地下水流向承压水完整井的稳定流

当承压完整井以定流量 Q 抽水时，若经过相当长的时段，出水量和井内的水头降落达到了稳定状态，这就是地下水流向承压完整井的稳定流。其水流运动特征与地下水流向潜水井的稳定流不同之处是：承压含水层厚度不变，因而剖面上的流线是相互平行的直线，等水头线是铅垂线。过水断面是圆柱侧面。在推导下述的承压完整井流量计算公式时，其假定条件和潜水完整井推导相同。选取的坐标系仍以井轴为 H 轴（向上为正），沿隔水底板取井径方向为 r 轴，地下水的过水断面面积为：

$$\omega = 2\pi rh$$

地下水流向承压完整井的过程中，水力坡度也是个变量，任意过水断面处的水力坡度为：

$$i = \frac{\mathrm{d}H}{\mathrm{d}r}$$

即可写出裘布依微分方程式为：

$$Q = K\omega i = 2\pi KM\frac{\mathrm{d}H}{\mathrm{d}r}$$

对上式进行分离变量，取 r 由 $r_0 \to R$ 由 $h_0 \to H_0$ 积分得：

$$Q\int_{r_0}^{R}\frac{\mathrm{d}r}{r} = 2\pi KM\int_{h_0}^{H_0}\mathrm{d}h$$

$$Q(\ln R - \ln r_0) = 2\pi KM(H_0 - h_0)$$

$$Q = \frac{2\pi KM(H_0 - h_0)}{\ln R - \ln r_0} = 2.73KM\frac{H_0 - h_0}{\lg\frac{R}{r_0}}$$

令 $s = H_0 - h_0$，上式也可用如下形式表示：

$$Q = 2.73K\frac{M_s}{\lg\frac{R}{r_0}}$$

式中：M——承压含水层厚度，m；

s——承压井内的水位下降值，m。

上式就是描述地下水向承压完整井运动规律的裘布依公式，实践证明，裘布依公式在推导过程中虽然采用了许多假设条件，但该公式仍然具有实用价值，可用来预计井的出水量和计算水文地质参数。

（四）承压水非完整井

当承压含水层的厚度较大时，抽水往往为非完整井。所谓厚度大，是相对于过滤的长度而言的。下面介绍承压水含水层厚度相对于过滤器长度不是很大的情况。当过滤器紧靠隔水顶板时，应用流体力学的方法可以求得这个问题的近似解，即马斯盖特公式：

$$\left.\begin{aligned} Q &= \frac{2.73KMs}{\frac{1}{2\alpha}\left(2\lg\frac{4M}{r} - A\right) - \lg\frac{4M}{R}} \\ \alpha &= \frac{L}{M} \end{aligned}\right\}$$

式中：K——渗透系数；

R——影响半径，m；

r——井半径或管径过滤器半径，m；

s——承压井内抽水时井内的水位下降值，m；

M——承压含水层厚度，m；

L——过滤器的长度，m。

上式就是描述地下水向承压完整井运动规律的裘布依公式，实践证明，裘布依公式在推导过程中虽然采用了许多假设条件，但该公式仍然具有实用价值，可用来预计井的出水量和计算水文地质参数。

四、地下水完整井非稳定流理论

（一）承压完整井非稳定流微分方程的建立

假定在一个均质各向同性等厚的、抽水前承压水位水平的、平面上无限扩展的、没有越流补给的水承压含水层中，打一口完整井，以定流量 Q 抽水，地下水运动符合达西定律，并且流入井的水量全部来自含水层本身的弹性释放。随着抽水时间的延长，降落漏斗会不断扩大，井中的水位会持续下降，但并未达到稳定状态。

在距井轴 r 处的断面附近取一微分段，其宽度为 $\mathrm{d}r$，平面面积为 $2\pi r\mathrm{d}r$，断面面积为 $2\pi rM$，体积为 $2\pi rM\mathrm{d}r$。

当抽水时间间隔很短时，可以把非稳定流当作稳定流来处理。

为了研究方便，我们应用势函数 Φ 的概念，对于承压水，令势函数为：

$$\Phi = KMH$$

式中：H——非矢量；

K——在均质、各向同性岩石中，可以认为是一个常数；

M——在均一厚度的含水层中也是常数。

因此 Φ 就可视为一个非矢量函数。这样就可以把两个以上的简单水流系统的势函数进行叠加计算，可以解决复杂的水流系统问题。

某一时刻通过某一断面的流量就可以根据达西公式求得：

$$Q = 2\pi rKM\frac{\partial H}{\partial r} = 2\pi r\frac{\partial \Phi}{\partial r^2}$$

$$\Phi = KMH$$

根据水流连续性原理，在 dt 时间内微分段内流量的变化等于微分段内弹性水量的变化，即 $\mathrm{d}Q = \mathrm{d}V_{弹}$，则有：

$$2\pi\left(\frac{\partial \Phi}{\partial r} + \frac{\partial^2 \Phi}{\partial r^2}\right)\mathrm{d}r = \beta \mathrm{d}V\mathrm{d}p = \beta 2\pi rM\mathrm{d}r\gamma\frac{\partial H}{\partial r}$$

式中：r 为水的重力密度。

上式两边各乘以 KM 值，并整理得：

$$\frac{KM}{\gamma\beta M}\left(\frac{1}{r}\frac{\partial \Phi}{\partial r} + \frac{\partial^2 \Phi}{\partial r^2}\right) = KM\frac{\partial H}{\partial t} = \frac{\partial \Phi}{\partial t}$$

为了计算方便，引入几个参数：

$T = KM$ 为导水系数，它是表示各含水层导水能力大小的参数。

$\mu^* = \gamma\beta M$ 为贮水系数，它是表示承压含水层弹性释水能力的参数，或称为弹性释水系数，是指单位面积的承压含水层柱体（高度为含水层厚度），在水头降低 1m 时，从含水层中释放出来的弹性水量。

$a = T/\mu^*$ 为承压含水层压力传导系数，表示承压含水层中压力传导速度的参数。

将 T、μ^*、a 代入上式得：

$$\frac{\partial^2 \Phi}{\partial r^2} + \frac{1}{r}\frac{\partial \Phi}{\partial r} = \frac{\mu^*}{T}\frac{\partial \Phi}{\partial t}$$

这是承压完整井非稳定流的微分方程。

（二）基本方程式——泰斯公式的推导

根据一定的初始条件和边界条件，可以求解上述推导的完整井非稳定流的偏微分方程，即泰斯公式。

在满足推导承压水非稳定流微分方程时所做的假设条件下，有边界条件：

$t > 0$，$r \to \infty$ 时，$\Phi(\infty, t) = KMH$；

$t > 0$，$r \to \infty$ 时，$\lim\limits_{r\to 0}\left(r\frac{\partial \Phi}{\partial r}\right) = \frac{Q}{2\pi}$。

初始条件：$t = 0$ 时，$\Phi(r, 0) = KMH$。

根据上述的初始条件和边界条件，偏微分方程 $\frac{\partial^2\Phi}{\partial r^2}+\frac{1}{r}\frac{\partial\Phi}{\partial r}=\frac{\mu^*}{T}\frac{\partial\Phi}{\partial t}$ 的解为：

$$s=\frac{Q}{4\pi T}W(u)$$

式中：s 为以定流量 Q 抽水时，距井 r 远处经过 t 时刻后的水位降深，m。

井函数也可以用收敛级数表示，即：

$$W(u)=\int_0^{\omega}\frac{\mathrm{e}^{-w}}{u}\mathrm{d}u=-0.577216-\ln u+u-\frac{u^2}{2\times 2!}+\frac{u^2}{3\times 3!}-\frac{u^2}{4\times 4!}+\cdots$$

上式称为泰斯公式。

(三) 对泰斯公式的评价

泰斯公式是建立在把复杂多变的水文地质条件简化的基础上，即含水层均质、等厚、各向同性、无限延伸；地下水呈平面流，无垂直和水平补给及初始水力坡度为零；等等。正因为有这些与实际情况不完全相符的假设条件，所以泰斯公式并非尽善尽美，仍有其一定的局限性，具体表现在以下四个方面：①自然界的含水层完全均质、等厚、各向同性的情况极为少见，而且地下水一般不动，总是沿着某个方向具有一定的水力坡度，因此抽水降落漏斗常常是非圆形的复杂形状，最常见的是下游比上游半径长的椭圆形。②同稳定流抽水相同，当抽水量增加到一定程度之后，井附近则产生三维流区。有人认为三维流产生在距井 1.6M（M 为承压含水层厚度）范围内，供水水文地质勘查规范认为是 1 倍含水层厚度的范围内。③含水层在平面上无限延伸的情况在自然界并不存在，在抽水试验时只能把抽水井布在远离补给边界或远离隔水边界处。④泰斯假定含水层垂直和水平补给，抽水井的水量完全由"弹性释放"水量补给，实际上承压含水层的顶、底板不一定绝对隔水，不论是通过顶、底板相对隔水层的越流补给还是通过顶、底板的天窗补给，在承压含水层内进行长期的抽水过程中具有垂直和水平补给的情况是经常遇到的。

(四) 地下水向取水构筑物的非稳定流计算所能解决的问题

1. 评价地下水的开采量

非稳定流计算最适合用来评价平原区深部承压水的允许开采量，因为这种含水层分布面积大、埋藏较深、天然径流量小，开采水量常常主要依靠弹性释放水量，补给量比较难求。因此这类承压水地区的开采资源的评价方法是通过非稳定流计算，求得在一些代表性地下水位允许下降值 S 所对应的取水量作为允许开采量。

2. 预报地下水位下降值

在集中开采地下水的地区，区域水位逐年下降现象已经是现实问题，但更重要的是如何预报在一定取水量及一定时段之后，开采区内及附近地区任一点的水位下降值。非稳定流计算能容易予以解决，稳定流理论对此无能为力。

3. 确定含水层的水文地质参数

利用非稳定流理论无论是计算允许开采量还是预报地下水位下降值，都需要首先确定含水层的水文地质参数—水位（压力）传导系数 a，导水系数 T，蓄水系数 S 等。通过抽水试验测得 Q，s 及 t 值，然后通过非稳定流方程式可解出其中的 a，T，S 值。

五、地下水的动态与平衡

地下水动态是地下水水位、水量、水温及水质等要素，在各种因素综合影响下随着时间和空间所发生的有规律的变化现象和过程，它反映了地下水的形成过程，也是研究地下水水量平衡及其形成过程的一种手段。研究地下水的动态是为了掌握它的变化规律和预测它的变化方向，地下水不同的补给来源和排泄去路决定了地下水动态的基本特征，而地下水动态则综合反映了地下水补给与排泄的消长关系。地下水动态受一系列自然因素和人为因素的影响，并有周期性和随机性的变化。

（一）影响地下水动态的因素

要全面地了解和研究地下水动态，首先应了解在时间和空间上改变地下水性质的各种因素，以及区别主要和次要影响因素及各个因素对地下水动态的影响特点和影响程度。影响地下水动态的因素很复杂，基本上可以区分为两大类：自然因素和人为因素。其中，自然因素又可区分为气象气候因素及水文、地质地貌、土壤生物等因素；人为因素包括增加或疏干地表水体、地下水开采、人工回灌、植树造林、水土保持等对地下水动态的影响。

（二）气象及气候因素

降水与蒸发直接参与地下水的补给与排泄，对地下水动态的影响最明显，降水渗入岩石、土壤促使地下水位上升，水质冲淡，而蒸发会引起地下水位降低和水的矿化度增大。

气象因素中的降雨和蒸发直接参与了地下水补给和排泄过程，是引起地下水各个动态要素，诸如地下水位、水量及水质随时间、地区而变化的主要原因之一。如气温的变化会引起潜水的物理性质、化学成分和水动力状态的变化，因为温度的升高会减少潜水中溶解的气体数量和增大蒸发量，从而也就增大了盐分的浓度。另外，温度升高之后能减少水的黏滞性，因而减小了表面张力和毛细管带的厚度。气象因素的特点是有一定的周期性，而且变化迅速，故而引起了地下水动态的迅速变化。气象变化的周期性可分为多年的、一年的和昼夜的，这些变化直接影响着地下水动态，特别是对浅层地下水，它是地下水位、水量、化学成分等随时间呈规律性变化的主要原因。地下水的季节变化目前研究最多，也最具有现实意义，在气象季节变化的影响下，地下水呈季节变化的特征是：地下水位、水量、水质等一年四季的变化与降水、蒸发、气温的变化相一致。

气候上的昼夜、季节及多年变化也要影响到地下水的动态进程，它一般是呈较稳定的、有规律性的周期变化，从而引起地下水发生相应的周期性变化。尤其是浅层地下水往往具有明显的日变化和强烈的季节性变化现象。在春夏多雨季节，地下水补给量大，水位上升；秋冬季节，补给量减少，而排泄不仅不减少，常常因为江河水位低落，地下水排泄条件改善，而增大地下水的排泄量，于是地下水位不断下降。这种现象还因为气候上的地区差异性，致使地下水动态亦因地而异，具有地区性特点。此外，气温的升降不但影响蒸发强度，还引起地下水温的波动，以及化学成分的变化。

（三）水文因素

由于地表水体与地下水常常有着密切的联系，因而地表水流和地表水体的动态变化亦必然直接影响着地下水的动态。水文因素对于地下水动态的影响，主要取决于地表上江河、湖（库）与地下水之间的水位差，以及地下水与地表水之间的水力联系类型。

江河湖海对地下水的影响主要作用于这些地表水体的附近，其中以河流对地下水动态的影响较大。河流与地下水的联系有三种形式：①河流始终补给地下水；②河流始终排泄地下水；③洪水时河流补给地下水，枯水期地下水补给河水，如平原上较大的河流。当河水与地下水有水力联系时，则河水的动态也影响地下水的动态。显然，河水位的升降对地下水位的影响是随着离岸距离的增大而减小，以至逐渐消失。

水文因素本身在很大程度上受气候及气象因素影响，因此根据它对地下水动态作用时间的不同，分为缓慢变化和迅速变化两种情况。缓慢变化的水文因素改变着地下水的成因类型，迅速变化的水文因素使地下水的动态出现极大值、极小值及随时间而改变的平均值的波状起伏，如近岸地带的潜水位随地表水体的变化而升降，距离越近，变化幅度越大，落后于地表水位的变化时间也越短；而距地表水体越远，其变化幅度越小，落后时间越长。

（四）地质地貌因素

地质地貌因素对地下水的影响，一般不反映在动态变化上，而是反映在地下水的形成特征方面。地质构造运动、岩石风化作用、地球的内热等因素对地下水的形成环境影响很大，但这些因素随时间的变化非常缓慢，因此地质因素对地下水的影响并不反映在动态周期上，而是反映在地下水的形成特征方面。其中地质构造决定了地下水的埋藏条件，岩性影响下渗、贮存及径流强度，地貌条件控制了地下水的汇流条件。这些条件的变化，造成了地下水动态在空间上的差异性。又如，地质构造决定了地下水与大气水、地表水的联系程度不同，使不同构造背景中的地下水出现不同的动态特征。再如，岩石性质决定了含水层的给水性、透水性，相同的补给量变化，在给水性、透水性差的岩石中会引起较大幅度的水位变化。

但是对于地震、火山喷发、滑坡及崩塌现象，则也能引起地下水动态发生剧变。因为地震会使岩石产生新裂隙和闭塞已有裂隙，则会形成新泉水和原有泉水的消失。地震引起的断裂位移、滑坡和崩塌还能根本改变地下水的动力状态。当含水层受震动时，会使井、泉水中的自由气体的含量增大。正是因为地震因素能引起地下水动态的变化，从而为利用地下水动态预报地震提供了可能。

（五）生物与土壤因素

生物、土壤因素对地下水动态的影响，除表现为通过影响下渗和蒸发来间接影响地下水的动态变化外，还表现为地下水的化学成分和水质动态变化上的影响。

土壤因素主要反映在成土作用对潜水化学成分的改变，潜水埋藏越浅，这种作用越显著。在天然条件下，土壤盐分的迁移存在着方向相反的两个过程：一个是积盐过程，在地下水埋藏较浅的平原地区，地下水通过毛管上升蒸发，盐分累积于土壤层中；另一个是脱盐过程，水分通过包气带下渗，将土壤中的盐分溶解并淋溶到地下水中，从而影响潜水化学成分的变化。

生物因素的作用表现在两个方面。一方面是植物蒸腾对地下水位的影响。例如，在灌区渠道两旁植树，借助植物蒸腾来降低地下水位，调节潜水动态，减弱土面蒸发而防止土壤盐碱。另一方面表现在各种细菌对地下水化学成分的改变。每种细菌（硝化、硫化、磷化细菌等）都有一定的生存发育环境（如氧化还原电位、一定的 pH 值等），当环境变化时，细菌的作用也将改变，地下水的化学成分也发生相应的变化。

（六）人为因素

人为因素包括各种取水构筑物的抽取地下水、矿山排水和水库、灌溉系统、回灌系统等的注水，这些活动都会直接引起地下水动态的变化。人为因素对地下水动态的影响比较复杂，它比自然因素的影响要大，而且快，但影响的范围一般较小。从影响后果来说，有积极的一面，也有消极的一面。人们从事地下水方面的研究，除了研究地下水系统内在的机制与规律外，更重要的是为了如何更好地、积极地影响与控制地下水动态进程，防止消极的影响，使地下水动态朝向适合人类需要的方向发展。

第三节 地下水的补给与排泄

一、地下水补给

（一）大气降水补给地下水

1. 降水过程分析——降水过程中的水分转换

以松散沉积物为例，讨论降水过程中水分的转换与分布。

大气降水落到地面后，部分被植被叶面截留而蒸发；部分积聚于洼地，其中一部分蒸发；余下的水量，部分滞留于包气带，部分转化为地表径流，剩余的成为地下水补给量。

地面犹如筛子，将降水分为入渗水流及地表径流两部分。包气带犹如吸水的海绵，截留部分入渗水流。经过分流及截留以后，剩余的水流下渗进入饱水带，构成地下水补给量。

地面的分流，取决于降水强度与（地面）入渗能力的关系：降水强度小于（地面）入渗能力时，降水全部渗入包气带；降水强度大于入渗能力时，多余的部分形成地表径流。包气带截留的水量，用于补足降水间歇期因土面蒸发及叶面蒸腾造成的水分亏缺。一次降水过程，大气降水量最终转化为三部分：地表径流量、蒸散量及地下水补给量。

受季风气候影响，我国雨季及旱季分明。旱季，蒸发及蒸腾（两者合称为腾发或蒸散）消耗水分。旱季末期，包气带上部的含水量低于残留含水量，形成水分亏缺。

雨季初期的降雨，首先要补足水分亏缺，多余的水分才能下渗。下渗水进入地下水面，地下水储量增加，地下水位抬高。

降水入渗能力，可用单位面积、单位时间入渗水量，即垂向渗透流速 v 表征。

入渗能力受控于包气带渗透性。随着降水延续而降低，最后趋于稳定。这与入渗过程中驱动下渗的水力梯度变化有关，随着时间的推移，水力梯度趋于定值，入渗能力趋于稳定。

降水入渗存在两种方式：活塞式及捷径式。前者的下渗水流犹如活塞推进，出现于均质岩土（如砂层等）中；后者下渗水流呈指状推进，存在快速运移的优先流中，出现于发育虫孔、根孔和裂隙的黏性土中，以及裂隙岩溶发育不均匀的基岩中。两类入渗方式下，地下水位对降雨的响应不同。

2. 大气降水补给地下水的影响因素

某个区域大气降水补给地下水的份额，用降水入渗补给系数 a 表示：

$$\alpha = q_p/P$$

式中：a ——降水入渗补给系数，简称入渗系数，量纲为一；

q_p ——年降水单位面积补给地下水量，mm/a；

P ——年降水量，mm/a。

大气降水补给地下水的影响因素众多，大体可分为气候、地质、地形、植被、土地利用等方面。影响大气降水补给地下水的诸因素是相互联系、相互制约的整体。因此，不能将互为条件的影响因素割裂开来，孤立地分析某个因素的贡献。

讨论大气降水补给地下水的影响因素，必须从机制出发，追踪降水量转化为包气带滞留水量（蒸散量）、地表径流量及地下水补给量的过程，综合分析此过程中影响因素的贡献。

年降水量的大小，对入渗系数影响很大。降水需要首先补足包气带水分亏缺，才能形成对地下水的有效补给，因此，年降水量小时，α 值很小，甚至趋近于零。例如，河西走廊的民勤盆地，多年平均降水量为 150mm/a，多年平均地下水补给量为 2. 8mm/a，α 值仅为 0. 019。

降水强度及其时间分布，也影响入渗系数。间歇性小雨只能湿润土壤表面并随后蒸发消耗，难以形成地下水有效补给。集中的暴雨，超过地面入渗能力的部分将转化为地表径流，减小地下水补给份额。强度不大的连绵降雨，最有利于补给地下水。显然，地面入渗能力很强时，暴雨也不会产生较多的地表径流。

包气带岩性，从入渗能力及水分滞留两方面影响降水补给地下水的份额。渗透性良好的岩土，入渗能力强，有更多份额的降水补给地下水；岩土渗透性差时，入渗能力小，大部分降水将转为地表径流，补给地下水份额减少。岩性会影响包气带滞留水量，从而改变降水补给地下水的份额。

地下水埋藏深度对降水补给地下水的影响比较复杂。地下水埋藏深度过浅，毛细饱和带接近地面，降水转化为地表径流的份额增加，降水入渗系数小。地下水埋藏深度过大，包气带滞留水量增加，降水入渗系数也将变小。对于常见的松散土（亚砂土、粉细砂等），地下水接受降水补给的最佳深度，一般为 2~2. 5m。

包气带水分蒸发随深度加大而减弱，一般情况下，以地下水埋藏深度6~7m为界，埋藏深度继续增大，蒸发趋近于零，包气带水分截留量不会随之增加，入渗系数趋于定值。但是，当某些地区存在根系深达十数米或更深的植物时，蒸腾作用的影响相应加深。

地形坡度对降水入渗系数的影响，取决于降水强度与入渗能力的关系。降水强度小于入渗能力时，地形坡度不影响降水入渗补给地下水的份额。降水强度大于入渗能力时，地形坡度愈大，转化为地表径流的份额愈大，降水入渗系数愈小。

森林草地可改善土壤结构并滞留地表坡流，有利于地下水补给。但是，与此同时，植被覆盖会截留降水而降低入渗。农作物复种指数大，将形成更大的包气带水分亏缺，不利于降水补给地下水。

城市化过程无渗界面的增加，会显著减少降水补给地下水份额；与此同时，城市内涝的概率增大。

需要特别指出：地下水体是远离平衡态的开放系统，是一种耗散结构。影响地下水体的诸多因素，并非各个线性作用累加之和，而是具有相关性和制约性的非线性相互作用的结果。固定其他因素，孤立地探讨某一因素的影响，既不可能，也不正确。

（二）地表水补给地下水

地表水补给地下水必须具备两个条件：①地表水水位高于地下水；②两者之间存在水力联系。

沿着河流纵断面，河水与地下水的补给关系有所变化。河流上游，地表水水位通常低于地下水，河流排泄地下水。河流中游，河水在洪水期补给地下水，枯水期排泄地下水。河流下游，进入山前冲洪积倾斜平原，河水补给地下水。河流下游冲积平原，河水与地下水的补给关系取决于河流堆积特点：泥沙堆积强烈时，出现自然堤及人工堤防，河底高于地面，形成地上河，地表水常年补给地下水，黄河下游即是如此；没有天然堤及人工堤的河流，洪水期河水补给地下水，枯水期排泄地下水。

我国西北干旱内陆盆地，降水十分稀少，高山降水积为冰雪，冰雪融水形成的河流，沿着流程与地下水相互转化，成为地下水主要的，甚至唯一的补给来源。

下面以间歇性河流为例，分析河水补给地下水过程。汛期开始，由于河流长期断流，地下水位处于河床以下一定的深度，河流来水后，河水以非饱和流方式入渗补给地下水。下渗水流到达地下水面形成补给，河下形成条状地下水丘。继续下渗补给，地下水丘不断抬升，与河水连成一体，河水以饱和流形式补给地下水。枯水期河流断流，条状地下水丘向两侧消散，抬高一定范围内的地下水位。

根据达西定律，河水补给地下水时，补给量取决于以下因素：河床渗透性、透水河床湿周与长度的乘积、河水位与地下水位高差，以及河流过水时间。

山前地区，地下水径流强烈，而河床渗透性较差时，即使常年有水的河流，也可能发生河水与地下水脱离而不连接，发生非饱和渗流补给。计算这种条件下的河水补给地下水量时，要按非饱和流选取渗透系数。

求取河流渗漏补给地下水水量，可以在渗漏河段上、下游分别测定断面流量 Q_1 及 Q_2；流量差值乘以河床过水时段，即得河水补给地下水量。间歇性河流渗漏量的一部分，消耗于补足断流时包气带水分亏缺，地下水获得的补给量小于测得的渗漏量。

大气降水是一个地区地表水的初始来源，但是，大气降水和河水补给地下水的特点不同。大气降水在空间上是面状补给源，在时间上是非连续补给源。河水在空间上是线状补给源，在时间上是较为连续的，或经常性的补给源。

（三）地下水的其他补给来源

昼夜温差大的干旱沙漠地带，凝结水有可能补给地下水。某些人为活动，则会在无意中增加地下水补给，例如，灌溉水渗漏、水库渗漏，以及输水管道渗漏等。

1. 凝结水及其对地下水的补给

空气的湿度一定时，饱和湿度随温度下降而降低，温度降到某一临界值，达到露点（绝对湿度与饱和湿度相等），温度继续下降，超过饱和湿度的那部分水汽，转化为液态水，这一过程便是凝结作用。

沙漠地带，昼夜温差很大（撒哈拉沙漠昼夜温差可达 50℃），土壤散热快而大气散热慢，夜晚降温，地面及包气带浅部温度急剧下降，地面及包气带浅部孔隙中一部分水汽凝结为液态水。

2. 灌溉水对地下水的补给

下渗补给地下水的那一部分灌溉水，称为（灌溉）回归水。灌溉渠道渗漏及田面入渗使地下水获得补给。渠道渗漏补给方式犹如河水，田面入渗补给方式接近大气降水。灌溉水补给地下水的份额取决于灌溉方式：滴灌和喷灌水量小于 $20m^3$/（亩·次）时，渗漏补给地下水量十分有限；采用畦灌、漫灌等灌溉方式，灌水量为 $40m^3$/（亩·次）到大于 $100m^3$/（亩·次）时，下渗补给地下水的份额可达 20%~40%。不合理的灌溉方式，不仅浪费水资源，造成土壤养分流失，还会引起地下水位抬升，导致土地次生沼泽化和次生盐渍化。

城市水泥输水管道的渗漏量，可达到输运量的 30%。污水渗漏是导致城市地下水污染的重要原因之一。不开采地下水的城市，管道渗漏会导致地下水位抬升，影响地基及地下空间利用。

（四）地下水人工补给

地下水人工补给（artificial groundwater recharge）的含义是：采取有计划的人为措施，使地下水获得天然补给以外的额外补充。

人工补给地下水具有多种目的：利用含水层（含水系统）作为地下水库，调蓄水源；维护和改善生态环境；防治某些地质灾害；利用含水层调蓄热能等。

我国降水及地表水季节分布不均匀，利用地下水库调蓄汛期来水，更为迫切。我国北方也实施了地下水库调蓄工程。由于人工补给受益者不分摊成本，许多地下水调蓄工程成为只建不用的“面子”工程。

人工补给地下水通常采用地面、河渠、坑塘蓄水渗补、井孔灌注等方式。

二、地下水排泄

地下水通过泉、向地表水泄流、土面蒸发、叶面蒸腾等方式，实现天然排泄；通过井孔、排水渠道、坑道等设施，进行人工排泄。

（一）泉

泉是地下水的天然露头。地下水面或地下水含水通道与地形面相切时，地下水呈点状或散点状涌出地表成泉。

地形起伏明显的山区及山前地带，有利于成泉；平原区很少有泉，人们利用井孔揭露地下水。

泉是方便的水源和可供观赏的自然景观，具有特色的泉是旅游和疗养资源。

传统的分类，将泉划分为上升泉和下降泉两大类：前者是承压水的排泄，后者是潜水或上层滞水的排泄。地下水流系统理论表明，潜水的排泄区普遍存在上升水流，因此，不能根据补给泉的水流是否“上升”对泉进行分类，而要根据补给泉的含水层或含水通道，区分上升泉或下降泉。

根据出露原因，泉可分为以下四类：①侵蚀泉，单纯由于地形切割地下水面而出露，包括切割潜水含水层及揭露承压水隔水顶板；②接触泉，地形切割使相对隔水底板出露，地下水从含水层与隔水底板接触处出露；③溢流泉，水流前方出现相对隔水层，或下伏相对隔水底板抬升时，地下水流动受阻，溢流地表；④断层泉，地形面切割导水断裂，后者测压水位高于地面时出露。

另外还有特殊类型的泉，如虹吸泉、潮汐泉、间歇泉等。

作为地下水天然露头，泉是认识水文地质条件的重要信息来源。例如，判断含水层和隔水层；判断岩层富水性（导水能力）；判断断层导水性；根据泉水温度判断地下水循环深度；根据泉水化学成分找矿；在一定条件下，根据泉流量反推降水入渗系数及地下水补给量等。

（二）泄流

地下水向地表水排泄时，地表水面是地下水的排泄基准，与起伏明显的地形坡度比较，地表水面或者接近水平（湖沼、海洋），或者只有不大的坡降。因此，地下水补给地表水体时，除个别以水下泉（河底泉、海底泉等）形式集中排泄外，大多为分散的线状泄流。

对于河流，可采取分割流量过程线求取地下水泄流量的方法。当河水与地下水化学组分及温度有较大差别时，也可综合利用稳定组分、同位素组分及温度等，求取地下水泄流量。地下水向湖沼海洋的排泄，一般只能利用化学组分及温度进行定性或半定量评估。

地下水向地表水排泄，提供经常性补充水量的同时，还提供化学组分，对于维护地表水的生态系统有重要意义。

（三）蒸发与蒸腾

干旱半干旱地区的细颗粒堆积平原和盆地，地下水埋藏深度较浅时，土面蒸发及叶面蒸腾是地下水的主要排泄方式。

土面蒸发及叶面蒸腾是地下水转化为气态水向大气排泄的两种方式。通过土面蒸发向大气排泄，是地下水蒸发排泄；经由植物的叶面蒸腾向大气排泄，是地下水蒸腾排泄。蒸发和蒸腾两者都是地下水的面状排泄，两者都具有“水去盐留”的特点。

1. 蒸发

松散沉积物中，潜水面上存在支持毛细水带，地下水位较浅时，支持毛细水带接近地面，其顶面的液态水转化为气态水进入大气，潜水不断补充毛细水带，水量因而耗失。蒸发过程中，随着水分消耗，盐分累积于支持毛细水带及土壤表层，降水时，入渗水流淋滤盐分返回潜水。干旱半干旱气候下，地下水长期通过土面蒸发耗失，水去盐留，导致土壤及地下水不断盐化。

影响地下水蒸发的主要因素是气候、潜水埋藏深度及包气带岩性。这些因素相互耦合，影响地下水蒸发量。

气候愈干旱，潜水蒸发愈强烈，水土含盐量也愈高。西北干旱内陆盆地，潜水 TDS 最高可大于 100g/L。湿润的川西平原，尽管地下水埋藏深度很小，TDS 普遍小于 0.5g/L。

潜水埋藏深度愈小，蒸发消耗量愈大；随着埋藏深度增加，潜水蒸发衰减，一定深度以下，潜水不再蒸发。

包气带岩性通过控制毛细上升高度与速度而影响潜水蒸发。砂的毛细上升速度快，但毛细上升高度小；亚黏土和黏土毛细上升高度大，但毛细上升速度慢，都不利于潜水蒸发。粉质亚砂土及粉砂，有较高的毛细上升高度与速度，潜水蒸发最为强烈。

地下水蒸发导致水土盐化，除了上述因素外，还受地下水径流强度影响。地下水径流强烈，盐分随地下水流动而流失，水土不会盐化。西北干旱地区的绿洲，尽管潜水埋藏深度很小，但径流强烈，水土都不发生盐化。潜水 TDS 高且埋藏深度不大的地区，往往发生土壤盐渍化，利用排水渠道加速地下水径流，是防治盐渍化的重要途径。

地下水蒸发量的精确确定，迄今仍是一个难题。利用地中蒸渗仪测定时，人工边界及土样扰动等因素会影响测量精度。采用经验公式，根据水面蒸发量推求地下水蒸发量，也是一种常用的方法。

2. 蒸腾

植物生长过程中，根系吸收与地下水有联系的包气带水分，传输到叶面，转化为气态水逸失于大气，便是地下水的蒸腾排泄。

植被茂盛的土壤，全年的蒸散量（或称腾发量，即土面蒸发及叶面蒸腾的总量）约为裸露土壤的两倍，有的甚至超过露天水面蒸发量。新疆玛纳斯河灌区的林带，年耗水量相当于 1000~1400mm。叶尔羌灌区的果树年耗水量约为 950mm，成熟杨树约为 920mm。成熟树林降低地下水位的影响范围一般为 125~150m^2，最大为 250m^2。种植林木降低地下水位，称为生物排水，是防治土壤沼泽化和盐渍化的一项措施。

与地下水蒸发不同，蒸腾的影响深度受植物根系深度的控制。某些树木的根系深达数十米，因此，蒸腾影响深度有时远大于土面蒸发。

蒸腾耗失水量而遗留盐分，某些喜盐植物能够吸收部分盐分，最终枯萎后仍将盐分遗留于地面，因此，与地下水蒸发排泄一样，地下水蒸腾排泄也导致水土积盐。当植被根系深扎、地下水埋藏深度大时，地下水盐化显著而土壤盐化不明显。

测量地下水蒸腾排泄量，涉及包气带、地下水埋藏深度及植被种类，利用种植植株的蒸渗仪测定，局限性相当大。

单纯测定蒸腾量，有多种方法。快速称重法（测定离体枝叶的蒸腾量）是常用的简便方法。利用基于热平衡原理的茎流计可直接测量较大植株的蒸腾量。利用卫星遥感资料估测蒸腾量或总蒸散量，是近年来正在探索的方向。

（四）地下水的人工排泄

用井孔开采地下水、矿坑疏干地下水、开发地下空间排水、农田排水等，都属于地下水人工排泄。随着现代化进程，我国许多地区，尤其是北方工农业发达地区，高强度开采地下水已经引起一系列不良后果，导致河流基流消减甚至断流，损害生态环境，引起与地下水有关的各种地质灾害。

三、含水层之间的水量交换

不同含水层或含水系统，存在水力联系及势差时，发生水量交换，是狭义的补给与排泄。

解决许多水文地质实际问题时，都需要查明目标含水层（含水系统）与相邻含水层（含水系统）的补给、排泄关系，确定补给（排泄）量。地下水资源评价、开发与管理，矿坑疏干、农田排水、水库渗漏等，都有此必要。

在分析含水层（含水系统）之间的补给、排泄关系时，不仅要查明地质结构、水力要素，还要综合应用水化学信息与温度信息，方能获得可信的结论。确定补给（排泄）量时，需要充分利用水化学信息与温度信息，校核数值模拟的结果。

松散沉积物中，通过黏性土弱透水层越流，连通砂砾含水层，构成具有统一水力联系的含水系统。值得注意的是，松散沉积物含水系统中，通过含水层顺层输运的水量，往往没有经由弱透水层的越流量大。人们可能会提出疑问，难道含水层的导水能力还不如弱透水层？

穿越弱透水层的总越流量 Q 为：

$$Q = vF = KIF = \frac{KF(H_a - H_b)}{M}$$

式中：v——单位面积弱透水层越流量（越流的渗透流速）；

F——发生越流的弱透水层分布面积（越流的过水断面）；

K——弱透水层垂向渗透系数；

I——驱动越流的水力梯度；

H_a——含水层 A 的水头；

H_b——含水层 B 的水头；

M——弱透水层厚度（越流渗透途径）。

松散沉积物中黏性土层组成的弱透水层，多为透镜体状，存在“天窗”，其垂向渗透系数可能比砂质含水层渗透系数小 2~3 个数量级。然而，驱动越流的水力梯度经常大于 1，比含水层顺层流动水力梯度大 2~3 个数量级；越流过水断面比含水层过水断面要大 1~2 个数量级。由此可知，经由弱透水层的越流量大于通过含水层运移的水量并不奇怪。

第四节　地下水流系统

一、地下水流系统的某些概念及术语

地下水流系统：是由一个或多个势源（补给区）流向一个或多个势汇（排泄区）的流线簇构成的、相互关联的、自组织的流动地下水体。

局部地下水流系统：存在多个源汇时，连接相邻源汇的流线簇，是局部地下水流系统。

中间地下水流系统：从源出发，经由局部地下水流系统之下，流向非相邻汇的流线簇，是中间地下水流系统。

区域地下水流系统：从地势最高的源流向地势最低的汇的流线簇，是区域地下水流系统。

水力捕集带、准滞流带及滞流区（滞流带）：地下水流簇之间，存在着流速十分缓慢的空间。将水流相向流动部分的缓流带称为水力捕集带，将水流相背流动部分的缓流带称为准滞流带。来自不同部位的金属离子、油气及人工污染物质，汇聚于水力捕集带，有利于成矿及油气积聚。有利的水流及地质条件相结合，油气积聚成藏，就是油气的圈闭。准滞流带由于水流接近停滞，有利于矿物质及污染物积聚，水的 TDS 及污染物含量高。

盆地深度很大，驱动力不足以使水流穿透整个深度时，盆地底部存在基本不流动的地下水，这一部分称为滞流区。

驻点与驻线：流场中流速为零的点，称为驻点。相向流动的地下水流出，在其汇合点，存在驻点。同理，相向流动的局部水流系统之间，存在连续的驻点，可称为驻线。驻点及驻线，水流停滞，地下水年龄较周围老，有利于物质的集聚，TDS 值偏高。

伴生现象及作用：不同级次地下水流系统的不同部位，出现相应的作用与现象。例如，补给区出现耐旱植物；排泄区分布沼泽、喜水植物或耐盐植物，出现自溢井；随着地下水流程，O_2及CO_2减少，TDS 增大等。

盆地地下水流模式：根据实例及物理模拟与数学模拟结果，盆地地下水流系统可以归纳为以下五类模式（括号内为模式代号）：①单一局部地下水流系统（L）；②局部与中间嵌套地下水流系统（LI）；③局部、中间及区域嵌套地下水流系统（UR）；④局部与区域嵌套地下水流系统（LR）；⑤单一区域地下水流系统（R）。

不同地下水流模式下，水动力条件、化学特征、水温度特征、地下水年龄分布，都不相同；地下水作为地质营力，其现象及作用的空间分布也有所不同。因此，盆地地下水流模式控制因素及物理机制，盆地地下水流模式的定量模拟，盆地地下水流模式的识别，是地下水流系统理论的关键内容。

二、地下水流系统的基本特征

（一）地下水流系统的水动力特征

作为地下水运动主要驱动力的重力势差，其初始来源是降水入渗补给。太阳辐射使水分腾发进入大气，大气中的水分以降水形式落到地面，部分直接入渗地下，部分转化为地表水后入渗补给地下水。太阳辐射和重力作用，使水分周而复始地循环，为地下水提供了不断流动所需的能量。

地下水获得补给时，水位抬升，重力势能增加。不同地形部位的地下水，接受补给时，重力势能积累条件不同：地形高亢的补给区，随着补给势能不断积累；地形低洼的排泄区，地下水或者无法接受补给，或者接受补给的同时排泄增大，势能难以积累。因此，地形高处构成势源，地形低处构成势汇。在多数情况下，地形控制着重力势能的空间分布。

在静止的地下水体中，各处水头相等。在流动的地下水体中，水头沿流程下降，动水压力随流程变化。补给区（势源）为下降水流；垂直断面上，水头随深度增加而降低；任一点的动水压力均小于该点的静水压力。反之，排泄区（势汇）为上升水流，垂直断面上，水头自下而上不断降低；任一点的动水压力均大于该点的静水压力，乃至出现自流井。在中间的传输带，流线接近水平，垂直断面各点水头基本相等，即动水压力等于对应点的静水压力。

以往人们难以接受地下水的垂向运动，原因是不理解何以在“非承压”条件下，地下水可以由低处流向高处。势能包括位能及压能两部分。地下水在向下流动时，除了释放势能以克服黏滞性摩擦外，还将一部分势能以压能形式（通过压缩水的体积）储存起来。而在做上升运动时，则通过水的体积膨胀，将以压能形式储存的势能释放出来做功。在做水平流动时，由于上游的水头总比下游高，通过释放势能克服黏滞性摩擦阻力。

传统观点认为，只有承压水才具有超过静水压力的水头。因此，只有在承压含水层中，才能打出自流井。其实，即使是无压含水层，排泄区上升水流的水头总是高出静水压力，深度愈大，动力压力增量也愈大；只要有合适的地形条件，同样可以打成自流井。

（二）地下水流系统的水化学特征

分析地下水流系统的水化学特征时，需要记得：我们现今观察到的地下水，是不同时期地下水时空四维图景——正如我们通过射电望远镜观察到的星空，是现今直至一百多亿光年的时空四维景象一样。

地下水处于不断流动之中，水流本身的信息转瞬而逝、无法保留。但是，地下水的化学组分及同位素特征，是水流的“化石”，是重塑历史时期及地质历史时期地下水流的依据。

在地下水流系统中，化学组分及同位素组分呈现时空演变的有序图景，因此，获取不同部位水化学/同位素资料，是分析及辨识地下水流系统的重要途径。

利用水化学/同位素信息研究地下水流系统时，要将有关信息与水流系统结合起来，充分而合理地利用信息，避免差错。地下水流线，是与外界不发生水量交换的封闭空间（与外界不发生水量交换，但可交换化学组分及热量），因此，可遵循以下原则追踪流线的路径：①某些输入值沿着流程保持恒定，例如，稳定同位素 D 和^{18}O、惰性气体含量及比例；②某些输入值沿流程不断衰减，例如，氚及^{14}C；③某些输入值沿流程发生累积性变化，例如，Cl^-沿程不断增加，TDS 沿程总体增大等。

显然，以上原则，是就通常情况而言，不能脱离实际条件生搬硬套，不能教条地理解及应用原则。例如，高温下会发生氧漂移，此时，同一流线沿着流程并不保持恒定；再如，地下水流系统的排泄区，由于减压而发生脱碳酸作用，TDS 可能有所降低。

传统水文地质学，把含水层或含水系统看作单一的水动力场与水化学场，认为同一含水层中水质是比较均一的，根据水质可以判断地下水是否属于同一含水层（含水系统）。其实，同一含水层或含水系统，可以分属于不同地下水流系统，或属于同一地下水流系统的不同级次水流，化学组分差异可能极大。采用以往均匀分布取样方法，难以反映实际的水化学特征。例如，局部、中间及区域水流系统的共同排泄带附近，如果取样不当，可能得到的是三者的混合水样。局部系统的地下水年龄明显较区域水流系统年轻；盆地下游，不同级次水流系统的地下水年龄差别愈来愈大。

不同级次地下水流系统的不同部位，水循环条件不同，发生的化学作用及水化学特征有所不同。溶滤作用发生于整个流程。局部水流系统，中间与区域水流系统的起始部分，属于氧化环境，中间系统及区域系统主要为还原环境。在还原环境中，有可能发生脱硫酸作用。上升水流由于减压而产生脱碳酸作用。黏性土分布部位容易发生阳离子交替吸附作用。不同水流系统的汇合处，会发生混合作用。在干旱气候条件下，排泄区发生浓缩作用。显然，区域地下水流系统的排泄区，多种化学作用同时发生，是地下水水质变化复杂地段。

（三）地下水流系统的水温度特征

地壳深部大地热流影响下，年常温带以下，等温线通常上低下高，呈水平分布。受地下水流的影响，补给区的下降水流接受入渗水，地温偏低；排泄区因上升水流带来深部热影响，地温偏高。这样就使原本水平分布的等温线发生变化。补给区等温线下移，且间距变大（地温梯度变小）；排泄区等温线上抬，且间隔变小（地温梯度变大）。

（四）地下水流系统的时间变化

根据年龄分布，我们可以将盆地地下水流系统概括为三大类型：①现代水流系统；②古水水流系统；③现代水与古水并存水流系统。

开启性好，水流驱动力足够大，现代水流穿透深度达到盆地隔水基底时，便形成现代水流系统。我国岩溶地区，水交替循环迅速，几乎全都赋存单一现代水。山前平原地形坡度大，多为粗颗粒沉积，有利于地下水交替循环，现代水流穿透深度往往可达到隔水基底，多形成现代水流系统。

单纯赋存古水的盆地很少。撒哈拉地区，除了间歇河的局部补给外，大部分地区因降水稀少而长期缺乏补给，是单纯赋存古水的少有特例。

当盆地深度足够大，而水流穿透深度随着时间变浅时，后期穿透深度较浅的水流系统将冲刷前期水流系统的上部并叠置其上，盆地中现代水流系统与古水水流系统并存。此时，不同时期的地下水流系统，与地层层序相似，呈现上新下老的叠置关系。

如果将不同时期叠置的地下水流系统，当作同一时期的地下水流系统进行分析，必然得出错误的结论，不可能正确把握地下水水量、水质、贮留时间及水交替程度等时空有序的分布规律。因此，重塑盆地地下水流系统演变历史，是地下水流系统研究不可缺少的环节。

地下水流系统是能量新陈代谢的有机体，形成以后，经历若干时空演变阶段，最终趋于消亡。

我们今天看到的某一盆地的地下水流系统，既可能属于同一时期，也可能是不同时期地下水流系统叠加的时空四维集合体。

第三章 水文测验

第一节 水文测站布设

一、水文测站及站网

（一）水文测站

水文测站是在河流上或流域内设立的，按一定技术标准经常收集和提供水文要素的各种水文观测现场的总称。水文测站按目的和作用分为基本站、实验站、专用站和辅助站。基本站是为综合需要的公用目的，经统一规划而设立的水文测站。基本站应保持相对稳定，其在规定的时期内连续进行观测收集的资料应刊入水文年鉴或存入数据库长期保存。实验站是为深入研究某些专门问题而设立的一个或一组水文测站，实验站也可兼做基本站。专用站是为特定的目的而设立的水文测站，不具备或不完全具备基本站的特点。辅助站是为帮助某些基本站正确控制水文情势变化而设立的一个或一组站点。辅助站是基本站的补充，弥补基本站观测资料的不足。计算站网密度时，辅助站不参加统计。

基本水文站按观测项目可分为流量站、水位站、泥沙站、雨量站、水面蒸发站、水质站、地下水观测井等。其中，流量站（通常称作水文站）观测水位，有的还兼测泥沙、降水量、水面蒸发量及水质等；水位站也可兼测降水量、水面蒸发量。这些兼测的项目，在站网规划和计算站网密度时，可按独立的水文测站参加统计；在站网管理、刊布年鉴和建立数据库时，则按观测项目对待。

（二）水文站网及其作用

水文站网是在一定地区按一定原则，由适当数量的各类水文测站构成的水文资料收集系统。由基本站组成的站网，称为基本水文站网。

把收集某一项资料的水文测站组合在一起则可构成该项目的站网，如流量站网、水位站网、泥沙站网、雨量站网、水面蒸发量站网、水质站网、地下水观测井网等。通常所称的水文站网，就是这些单项观测站网的总称，有时也简称为“站网”。

以满足水资源评价和开发利用的最低要求，由起码数量的水文测站组成的水文站网，称为容许最稀站网。首先应建成容许最稀站网，然后根据需要与可能逐步发展并优化站网，力求在适应于当地经济发展水平的投入条件下，使站网的整体功能最强。

水文站网密度，可以用“现实密度”与“可用密度”两种指标来衡量。前者是指在单位面积上正在运行的站数，后者则包括虽停止观测但已取得有代表性的资料或可以延长系列的站数。站网密度通常是指现实密度。

（三）水文站网的规划与调整

水文站网规划是制定一个地区（流域）水文测站总体布局而进行的各项工作的总称。其基本内容有：进行水文分区、确定站网密度、选定布站位置、拟定设站年限、各类站网的协调配套、编制经费预算、制订实施计划。

水文站网规划的主要原则是根据需要和可能，着眼于依靠站网的结构，发挥站网的整体功能，提高站网产出的社会效益和经济效益。

制订水文站网规划或调整方案应根据具体情况，采用不同的方法，相互比较和综合论证。同时，要保持水文站网的相对稳定。

水文站网的调整，是水文站网管理工作的主要内容之一。水文站网的管理部门，应当在使用水文资料解决生产、科研问题的实践中，在经济水平、科学技术、测验手段日益提高和对水文规律不断加深认识的过程中，定期或适时地分析检验站网存在的问题，进行站网调整。

分析检验站网存在的问题主要有：测站位置是否合适、测站河段是否满足要求、水账是否能算清、测站间配套是否齐全等。

（四）基本水文站网的布设原则

在基本水文站网中，流量站网是最主要的站网，因而重点介绍流量站网，并简要介绍水位站网和泥沙站网。

1. 基本流量站网的布设原则

由于河流有大小、干支流的区分，因而流量站网的布设原则也不相同。控制面积为 3000km^{2}以上的大河干流流量站称为大河控制站。干旱区在 300～500km^{2}以下，湿润区在

300km^{2}以下的河流上设立的流量站称为小河站。其余在天然河流上设立的流量站，称为区域代表站。

大河控制站的主要任务是为江河治理、防汛抗旱、制订大规模水资源开发规划及大工程的兴建系统地收集资料，它在整个站网布局中居首要地位。大河控制站按线的原则布设。

小河站的主要任务是为研究暴雨洪水、产流汇流、产沙输沙的规律而收集资料。在大中河流水文站之间的空白地区往往也需要小河站来补充，满足空间内插和资料移用的需要。因此，小河站是整个水文站网中不可缺少的组成部分。小河站按分类原则布设。

区域代表站的主要作用是控制流量特征值的空间分布，探索径流资料的移用技术，解决任何水文分区内任一地点流量特征值，或流量过程资料的内插与计算问题。区域代表站按照区域原则布设。

（1）线的原则

在干流沿线布站间距不宜过小，布站数量不宜过多，任何两个相邻测站之间流量特征值的变化，不应小于一定的递变率。否则，这种变化引起的误差和测验误差将很难区分。由此，可以确定布站数量的下限。但布站间距也不能过大，布站数量不能过少，否则将难以保证按5%~10%的精度标准内插干流沿线任一地点的流量特征值。由此，又可以确定布站数量的上限。当估计出布站数量的上限和下限之后，还应综合考虑重要城镇、重要经济区防洪的需要，大支流的入汇，大型湖泊、水库的调蓄作用及测验通信和交通、生活条件等因素，选定布站位置。把上述原则汇集在一起，称为线的原则。

（2）区域原则

在任一水文分区之内，沿径流深等值线的梯度方向，布站不宜过密，也不宜过稀。决定站网密度下限的年径流特征值内插，允许相对误差范围±5%~±10%；决定站网密度上限的年径流特征值递变率，允许相对误差范围10%~15%。

对于分析计算较困难的地区，在水文分区内，可按流域面积进行分级，一般情况下，分为4~7级，每级设1~2个代表站。

选择布设代表站的河流和河段，应符合以下要求：①有较好的代表性和测验条件；②能控制径流等值线明显的转折与走向，尽量不遗漏等值线的高低中心；③控制面积内的水利工程措施少；④无过大的空白地区；⑤综合考虑防汛，水利工程规划、设计、管理运用等需要；⑥尽量满足交通和生活条件。

（3）分类原则

布设小河站，应在水文分区的基础上，参照植被、土壤、地质及河床组成等下垫面的

性质进行分类，再按面积分级，并适当考虑流域形状、坡度等因素，选河布站。小河站址的选择应符合下列要求：①代表性和测验条件较好；②水利工程影响小；③面上分布均匀；④按面积分级布站时，要兼顾到坡降和地势高程的代表性；⑤尽量满足交通和生活条件。

2. 基本水位站网的布设原则

在水文测验中，水位往往是用于推求流量的工具，大多数流量站都有水位观测。因此，流量站网的基本水尺，是水位站网的组成部分。在大河干流、水库湖泊上布设水位站网，主要用以控制水位的转折变化，以满足内插精度要求、相邻站之间的水位落差不被观测误差所淹没为原则，确定布站数目的上限和下限。它的设站位置，可按下述原则选择：①满足防汛抗旱、分洪滞洪、引水排水、水利工程或交通运输工程的管理运用等需要；②满足江河沿线任何地点推算水位的需要；③尽量与流量站的基本水尺相结合。

3. 基本泥沙站网的布设原则

在泥沙站网上进行测验，是为流域规划、水库闸坝设计、防洪与河道整治、灌溉放淤、城市供水、水利工程的管理运用、水土保持效益的估计、探索泥沙对污染物的解吸与迁移作用及有关的科学研究提供基本资料。

泥沙站也分为大河控制站、区域代表站和小河站。大河控制站以控制多年平均输沙量的沿程变化为主要目标，按直线原则确定布站数量，并选择相应的流量站观测泥沙。区域代表站和小河站，以控制输沙模数的空间分布按一定精度标准内插任一地点的输沙模数为主要目标，采用与流量站网布设相类似的区域原则确定布站数量；同时，考虑河流代表性，面上分布均匀，不遗漏输沙模数的高值区和低值区，选择相应的流量站，观测泥沙。

二、水文测验河段的查勘与选择

要把测站具体设立起来进行观测，还必须经过查勘选择测验河段，布置观测断面和各种观测设施。

（一）测验河段的选择原则

对水文观测现场的作业和观测成果具有显著影响控制作用的河段，称为测验河段。选择测验河段，应遵循以下三个原则：①要满足设站目的。根据这一原则，可确定测验河段的大致范围。例如，在伊洛河、沁河汇入黄河下游后，必须及时掌握大洪峰流量的确切数值，才能对下游做出重大决策。因此，该河段水流条件无论如何都必须设站观测。②能保证各级洪水安全操作与测验精度，有利于建立尽可能稳定简单的水位流量。这一原则对于取得可靠的观测资料、简化内业整理工作、节约人力和物力，具有重要作用。③在满足上述要求的前提下，要尽可能方便生活、交通、通信。

（二）测站控制

天然河道中水文现象是十分复杂的，水位流量的关系在许多情况下是不稳定的。这是因为流量不仅随水位的变化而变化，它还受比降、河床糙率等水力因素的影响。在同水位下，这些水力因素往往又是变化的。因此，这也表现出了水位流量关系的复杂性。但我们在天然河道中还能够找到一些河段，其水力因素在同一水位下保持不变或虽有变化但可以相互补偿，随水位的变化而变化，从而保持单一性。

假如在测站附近（通常在其下游）有一段河槽，其水力特性能够使得测站的水位流量关系保持单一关系，则这个断面或河段便称为测站控制；如测站控制作用发生在一个断面上，则称为断面控制；如测站控制作用靠一段河槽的底坡糙率、断面形状等因素的共同作用来实现，则称为河槽控制。很显然，我们选择的测站最好能设在形成测站控制的地点或其上游附近。

（三）选择测验河段的具体要求

根据设站的目的要求，在野外选择河段时，应根据河流特性，灵活掌握，慎重选定。

对于一般河道站，应尽量选择河道顺直、稳定、水流集中，便于布设测验设施的河段。顺直长度一般应不小于洪水时主槽河宽的 3~5 倍。对于山区河流，在保证测验工作安全的前提下，应尽可能选在石梁、急滩、卡口、弯道的上游。要尽量避开有变动回水、急剧冲淤变化、分流、斜流及严重漫滩等不利因素的河段及妨碍测验工作的地形、地物。结冰河段还应避开容易发生冰塞、冰坝的地点。

（四）测验河段勘测调查工作

设立水文测站之前，应进行勘测调查，内容包括以下四个方面：①查勘前准备。明确设站目的，查阅有关文件资料，特别是有关地形图、水准点、洪水情况等。确定勘测内容和调查大纲制订工作计划，然后到现场勘察。勘测工作一般在枯水期进行。②测验河段现场调查。该项工作是为了全面了解河道概况，以便初步选定测验河段。调查内容包括：测站控制情况；历年最高洪水位和最大漫滩边界；变动回水影响的起因和范围；河床组成，水草生长及沙情冰凌情况；流域自然地理概况、水利工程的近况和远景规划等。③野外测量。该项工作包括简易地形测量、大断面测量、流向测量及水面纵比降测量等。测量范

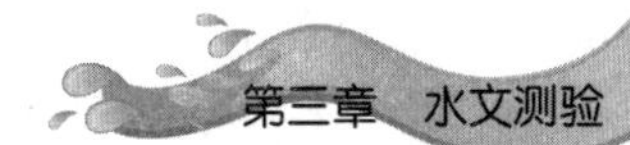

围：两岸应测至历年最高洪水位以上，沿河长应比选定的河段略长。④编写勘测报告。把调查的情况及测量结果分析整理出来，提出方案，作为最后确定站址的依据。

三、测站的设立

测站的设立就是在测验河段根据现场勘测调查结果，利用河段地形图、水流平面图等，合理确定各种横断面，并设立相应测量标志，设置水准点，引测其高程；设立水位观测设备、测流渡河设备等。

下面只介绍一般河道站的断面、基线布设等内容。对水库站、堰闸站的设立，参考水文测验有关规范。

（一）断面的布设

断面根据不同的用途分为基本水尺断面、流速仪测流断面、浮标测流断面、比降水尺断面。布设断面首先要弄清测验河段的水流方向，即绘制水流平面图。

1. 水流平面图的测绘

水流平面图是反映测验河段水流流向的分布图。图里的流向是以某面处若干个部分流量的矢量来表示的。各部分流量的矢量和就是断面流量的矢量，其方向代表水流通过该断面时的平均流向。这个流向是布设测站各个断面的依据。水流平面图的测绘方法步骤如下：

（1）拟设测流断面

在测流断面位置的上下游平行地布设 1～5 个断面，并设置断面桩，各断面之间的间距应基本相等，且最好不小于断面平均流速的 20 倍。

（2）施测准备

用经纬仪或平板仪交会各个断面的断面桩水边点，然后在上游向河流中均匀投放 5～15 个浮标，并测定每个浮标流经各个断面时的起点距和相应的时间。

（3）整理计算交会资料

整理计算各断面测角交会资料，绘制测验河段平面图，并在该平面图上将各个浮标经过各断面的位置绘出，并按顺序用虚线连成折线。虚线走向即代表水流的情况，选择虚线走向比较一致处的断面为初选的测流断面。

（4）绘制流速矢量线

在初选的测流断面上，计算各部分面积的部分虚流量，然后按比例绘制各部分虚流量的矢量线。

（5）确定断面方向

在图的下方将各部分虚流量的矢量值用推平行线的方法连成矢量多边形，定出矢量和的方向，垂直于矢量和的方向线的线即为最后确定的测流断面线。

2. 基本水尺断面

基本水尺断面是为经常观测水位而设置的断面。基本水尺断面长年水位观测，能够提供水位变化过程的信息资料并靠它来推求通过断面的流量等水文要素的变化过程。

设立基本水尺断面应以是否有助于建立稳定简单的水位流量关系为主要目标。因此，基本水尺断面应设置在具有断面控制地点的上游附近。测验河段内，若改变基本水尺断面位置对水位流量关系自然改善无明显作用时，可将基本水尺断面设置在测验河段的中央。

基本水尺断面应大致与流向垂直，与测流断面之间，不应有较大支流汇入或有其他因素造成水量的显著差异。

3. 流速仪测流断面

流速仪测流断面是为用流速仪法施测流量而设置的断面。由于泥沙测验必须与流量测验同时进行，所以流速仪测流断面同时又用于输沙率测验。

设立流速仪测流断面应以安全操作、保证质量、设立简单为主要目标。在满足这些要求的前提下，应使其与平均流向相垂直。若测流断面不与基本水尺断面重合，应尽量缩短两断面间的距离，中间不能有支流汇入与分出，以满足两断面间流量相等的要求。

一个测站的水位流量关系，是指基本水尺断面水位与通过该断面的流量间的关系。因此，测流断面与基本水尺断面应该是一个断面，这样才能以实测的水位流量资料建立水流量关系，从而根据水位观测资料推求流量过程。若基本水尺断面与测流断面相距不远，只要通过两断面的流量相近，也可以用基本水尺断面水位与测流断面的流量建立水位流量关系。

若测流断面不与基本水尺断面相重合，则应设立水尺，在测流期间观读水位以供计算面积、流量之用。

测流断面应垂直于断面平均流向。若一个测流断面不能同时满足不同时期（高、中、低水位）的测流时，可设置不同时期的测流断面。当测验河段内有几股水流，其流向互不一致时，可设置不同方向的几个测流断面。

若测流断面与流向不垂直时，流向偏角会使测得的流量产生误差。当流向偏角为10°时，其误差约为1.5%，其值虽小，似乎影响不大，但这一误差为系统误差，会使测得成果系统偏大，因而这是不能忽视的。

4. 浮标测流断面

浮标测流断面是为用浮标法施测流量而设置的断面。浮标测流断面有三个，即测定浮标位置和过水断面面积的浮标测流中断面、用于测定浮标漂流速度的浮标上断面和浮标下断面。

浮标测流中断面应尽可能与流速仪测流断面重合。在中断面的上下游等距离处布设上、下浮标断面。上、下浮标断面之间的距离，主要考虑测验误差和浮标测得速度的代表性，尽可能缩短测流历时。所谓代表性，是指浮标测得速度应能够代表浮标中断面的瞬时速度。

为了使浮标测得速度具有代表性，上、下浮标断面的间距应尽量缩短。另外，为了减少浮标测流时的计时误差，同时施测时要有足够的时间供上下游联系，这又要求其间距有足够的长度。兼顾上述两方面的要求，可利用误差的概念加以分析说明。

5. 比降断面

比降断面是设立比降水尺的断面。在比降水位观测河段上应设置上、中、下三个比降面，可取流速仪测流断面或基本水尺断面兼比降中断面。当断面上水面有明显的横比降时，应在两岸设立水尺观测水位。当有困难时，可在上、下比降断面两岸设立水尺计算水面平均比降。上、下比降断面的间距应使水面落差远大于落差观测误差。

（二）基线的布设

在测验河段进行水文测验和断面测量，用经纬仪或六分仪交会法测角，推算测验垂线在断面上的位置（起点距）时，在岸上布设的测量线段称为基线。

基线应垂直于断面设置，基线的起点恰在断面上。当受地形条件限制时，基线也可以不与断面线垂直。基线长度应使断面上最远一点的仪器视线与断面的夹角大于 30°，特殊情况下应大于 15°。不同水位下水面宽相差悬殊的测站，可在岸上和河滩上分别设置高、低水位的基线。

测站使用六分仪交会法施测起点距时，布设基线应使六分仪两视线的夹角大于或等于 30°，小于或等于 120°。基线两端至近岸水边的距离，宜大于交会标志与枯水位高差 7 倍。当一条基线不能满足上述要求时，可在两岸同时设置两条以上或分别设置高、低水位交会基线。

基线长度应取 10 的整倍数，用钢尺或校正过的其他尺往返测量两次，往返测量值应不超过 1‰。

四、测验渡河设备

（一）测验渡河设备的作用和分类

流量测验（结合泥沙测验），按目前一般采用的面积-流速法，均须利用渡河设备。在使用流速仪测流时，渡河设备被用来测量水道断面面积和流速流向；使用浮标测流时，渡河设备用来测量水道断面面积；输沙率测验时，渡河设备则同时用来采取水样。

测验渡河设备种类繁多，以野外测验时所处位置的不同可划分为四类：渡船测流设备、岸上测流设备、架空测流设备和涉水测流设备。以上每一类测验渡河设备又分为多种形式。例如，渡船测流设备，包括机船、锚碇测船、过河索吊船等，其中，过河索吊船应用较为普遍。岸上测流设备为各种形式的水文缆道，目前已被广泛采用。架空测流设备有渡河缆车、测桥、吊桥等。涉水测流设备简单，用于小河枯季测流。另外，随着近年来水文巡回测验工作的开展，利用水文测车在桥上测流也成为一种重要形式。

渡河设备首先能满足洪水期测流的要求，其次也能在枯水时测流。有些测站，为了满足各种情况下的测流，往往需要同时具有几种渡河设备。

（二）几种主要的测验渡河设备

1. 过河索吊船设备

这种渡河设备用于船上测流，主要包括测船和在测流断面以上并与之平行的过河索等。后者的作用是用来固定和移动测船。

过河索吊船设备能进行多种项目的测验，在水流比较平稳、漂浮物威胁不太严重的河流上比较适合。它的缺点是测验人员必须上船操作，当流速急、风浪大、漂浮物多时，船只不平稳、不安全。

2. 水文缆道

水文缆道又称流速仪缆道，该设备用于岸上测流。水文缆道主要由承载、驱动、信号传递三大部分组成。承载部分包括承载索（主索）、支架、锚碇等设备。驱动部分包括牵引索（循环索、起重索、悬索）、绞车、滑轮、行车、平衡锤等。其中，驱动动力有电力内燃机和人力几种。信号传递部分包括信号线路与仪表装置等。

水文缆道作为一种岸上测流设备，与过河索吊船相比能够实测到更高量级的洪水，并且在改善工作条件、确保测验安全及节省人力等方面有很大的优越性，因而被广泛采用。水文缆道的形式有多种，按循环索是否闭合分为闭口式和开口式两大类。

3. 升降式缆车

我国北方河流流速大、漂浮物多，对不宜使用流速仪缆道的测站设置缆车比较合适。对于水位变幅较大的山溪性河流，宜采用升降式缆车。测验人员在车上操作，其总体布置是在主索行车上悬挂一个可乘坐测验人员的缆车。车厢可根据水位涨落及承载索垂度变化而随时升降。悬吊仪器的悬杆装于车厢外，可以升降。这种缆车既能测流又能测沙等，是一种使用效果较好的设备。

近年来，测验渡河设备得到很大的革新。很多水文站在水文缆道上采用了新技术，特别是电子技术的应用有了很大的发展。例如，采用数字电路实现操作自动化；利用现代电子技术自动显示起点距、水深、流速等，运用载波技术传递多种信号；少数水文站试制成功一种操作程序全部自动化的计算机测流系统，它能将测验成果的全部数据自动打印出来。

第二节　水位观测

一、概述

（一）水位观测的目的和要求

水位是指河流或其他水体的自由水面相对于某一基面的高程，其单位以米（m）表示。水位是反映水体、水流变化的重要标志，是水文测验中最基本的观测要素，以及水文站常规的观测项目。水位观测资料可以直接应用于堤防、水库、电站、堰闸、浇灌、排涝、航道、桥梁等工程的规划、设计、施工等过程中。水位是防汛抗旱的主要依据，水位资料是水库、堤防等防汛的重要资料，是防汛抢险的主要依据，是掌握水文情势和进行水文预报的依据。同时，水位也是推算其他水文要素并掌握其变化过程的间接资料。在水文测验中，根据常用水位可直接或间接地推算其他水文要素。例如，由水位通过水位流量关系推求流量、通过流量推算输沙率、由水位计算水面比降等，从而确定其他水文要素的变化特征。

由此可见，在水位的观测中，要认真贯彻《水文资料整编规范》，发现问题及时排除，使观测数据准确可靠。同时，还要保证水位资料的连续性，不漏测洪峰和洪峰的起涨点，对于暴涨暴落的洪水应更加注意。

（二）影响水位变化的因素

水位的变化主要取决于水体自身水量的变化，约束水体条件的改变，以及水体受干扰的影响等因素。在水体自身水量的变化方面，江河、渠道来水量的变化，水库及湖泊引入、引出水量的变化和蒸发、渗漏等使总水量发生变化，从而使水位发生相应的涨落变化；在约束水体条件的改变方面，河道的冲淤和水库湖泊的淤积，改变了河、湖、水库底部的平均高程；闸门的开启与关闭引起了水位的变化；河道内水生植物生长、死亡使河道糙率发生变化，从而使水位产生变化。另外，有些特殊情况，如堤防的溃决，洪水的分洪，以及北方河流结冰、冰塞，冰坝的产生与消亡，河流的封冻与开河等，都会使水位产生急剧变化。

水体的相互干扰影响也会使水位发生变化，如在河口汇流处的水流之间会发生相互顶托，水库蓄水产生回水影响使水库末端的水位抬升，潮汐风浪的干扰同样影响水位的变化。

（三）基面与水准点

水位是水体（如河流湖泊、水库、沼泽等）的自由水面相对于某一基面的高程。一般都以一个基本水准面为起始面，这个基本水准面又称基面。由于基本水准面的选择不同，其高程值也不同，在测量工作中一般均以大地水准面作为高程基准面。大地水准面是平均海水面及其在全球延伸的水准面，在理论上讲，它是一个连续的闭合曲面。但在实际中无法获得这样一个全球统一的大地水准面，各国只能以某一海滨地点的特征海水面为准。这样的基准面也称绝对基面。另外，水文测验中除使用绝对基面外，还有假定基面、测站基面、冻结基面等。

1. 绝对基面

绝对基面一般是以某一海滨地点的特征海水面为准，这个特征海水面的高程被定为0.000m，目前我国使用该水准面的地区有大连、大沽、黄海、废黄河口、吴淞、珠江等。若将水文测站的基本水准点与国家水准网所设的水准点接测后，则该站的水准点高程就可以根据引据水准点用某一绝对基面以上的高程数来表示。

2. 假定基面

若水文测站附近没有国家水准网，其水准点高程暂时无法与全流域统一引据的某一绝对基面高程相连接，可以暂时假定一个水准基面，作为本站水位或高程起算的基准面，如暂时假定该水准点高程为100.000m，则该站的假定基面就在该基本水准点垂直向下100m

处的水准面上。

3. 测站基面

测站基面是假定基面的一种，它适用于通航的河道，一般将其确定在测站河库最低点以下 0.5～1.0m 的水面上，对水深较大的河流，可选在历年最低水位以下 0.5～1.0m 的水面作为测站基面。

同样，当与国家水准点接测后，即可算出测站基面与绝对基面的高差，从而可将测站基面表示的水位换算成以绝对基面表示的水位。

用测站基面表示的水位，可直接反映航道水深。但在冲淤河流测站基面位置很难确定，而且不便于对同一河流上下游站的水位进行比较，这也是使用测站基面时应注意的问题。

4. 冻结基面

冻结基面也是水文测站专用的一种固定基面。一般是将测站第一次使用的基面固定下来，作为冻结基面。

使用测站基面的优点是水位数字比较简单（一般不超过 10m），使用冻结基面的优点是可使测站的水位资料与历史资料相连续。有条件的测站应使用同样的基面，以便水位资料在防汛和水利建设、工程管理中得以使用。

二、水位的观测设备

水位的观测设备，可分为直接观测设备和间接观测设备两种。直接观测设备是传统式的水尺，人工直接读取水尺读数加水尺零点高程即得水位。它设备简单，使用方便，但工作量大，需人值守。间接观测设备是利用电子、机械压力等感应作用间接反映水位变化。它设备构造复杂，技术要求高，不需人值守，工作量小，可以实现自记，可满足水位观测自动化的要求。

（一）水位的直接观测设备

1. 水尺的种类

水尺分直立式、倾斜式、矮桩式和悬锤式四种。其中，直立式水尺应用最普遍，其他三种，则根据地形和需要选定。

（1）直立式水尺

直立式水尺由水尺靠桩和水尺板组成。一般沿水位观测断面设置一组水尺桩，同一组的各支水尺设置在同一断面线上。使用时将水尺板固定在水尺靠桩上，构成直立水尺。水尺靠桩可采用木桩、钢管、钢筋混凝土等材料制成，水尺靠桩要求牢固打入河底，避免发生下沉。水尺靠桩布设范围应高于测站历年最高水位及低于测站历年最低水位 0.5m。水尺板通常由长 1m、宽 8~10cm 的搪瓷板、木板或合成材料制成。水尺的刻度必须清晰、数字清楚，且数字的下边缘应放在靠近相应的刻度处。水尺的刻度一般是 1cm，误差不大于 0.5mm。相邻两水尺之间的水位要有一定的重合，重合范围一般要求为 0.1~0.2m，当风浪大时，重合部分应增大，以保证水位连续观读。水尺板安装后，须用四等水准测量的方法测定每支水尺的零点高程。在读得水尺板上的水位数值后，使其加上该水尺的高程，所得数值就是要观测的水位高程。

（2）倾斜式水尺

测验河段内岸边有规则平整的斜坡时，可采用此种水尺。此时，可在岩石或水工建筑物的斜面上，直接涂绘水尺刻度。同直立式水尺相比，倾斜式水尺具有耐久、不易冲毁、水尺零点高程不易变动等优点；缺点是要求条件比较严格，在多沙河流上，水尺刻度容易被淤泥遮盖。

（3）矮桩式水尺

受航运、流冰浮运影响严重，不宜设立直立式水尺和倾斜式水尺的测站，可改用矮桩式水尺。矮桩式水尺由矮桩及测尺组成。矮桩的入土深度与直立式水尺的靠桩相同，桩顶一般高出河床线 5~20cm，桩顶须加直径为 2~3cm 的金属圆钉，以便放置测尺。相邻桩顶高差宜在 0.4~0.8m，平坦岸坡宜在 0.2~0.4m，测尺一般用硬质木料做成。为减少壅水，测尺截面可做成菱形。观测水位时，将测尺垂直放于桩顶，读取测尺数加桩顶高程即得水位。

（4）悬锤式水尺

悬锤式水尺通常设置在坚固的陡岸、桥梁或水工建筑物上。它也被大量用于地下水位和大坝渗流水位的测量。它是由一条带有重锤的绳或链所构成的水尺。它通过从水面以上某一已知高程的固定点测量离水面的竖直高差来计算水位。悬锤的重量应能拉直悬索，悬索的伸缩性应当很小，在使用过程中，应定期检查测索引出的有效长度与计数器或刻度盘的一致性，其误差不超过±1cm。

2. 水尺的布置和零点高程的测量

水尺位置的设置必须便于观测人员接近以直接观读水位，并应避开涡流、回流、漂浮物等的影响。在风浪较大的地区，必要时应采用静水设施。

水尺布设范围，应高于测站历年最高水位 0.5m、低于测站历年最低水位 0.5m。

同一组的各支基本水尺，应设置在同一断面线上。当因地形限制或其他原因必须离开同一断面线时，其最上游与最下游水尺的同时水位差不应超过 1cm。

同一组的各支比降水尺，当不能设置在同一断面线上时，偏离断面线的距离不能超过 5m。同时，任何两支水尺的顺流向距离不得超过上、下比降断面距离的 1/200。

水尺设立后，应立即测定其零点高程，以便即时观测水位。使用期间水尺零点高程的校测次数以能完全掌握水尺的变动情况并准确取得水位资料为原则：一般情况下，汛前应将所有水尺校测一次，汛后校测汛期中使用过的水尺，汛期及平时发现水尺有变动迹象时，应随时校测；河流结冰的测站，应在冰期前后，校测使用过的水尺；受航运、浮运、漂浮物影响的测站，在受影响期间，应增加对使用水尺的校测次数，如水尺被撞，应立即校测；冲淤变化测站，应在河床每次发生显著变化后，校测影响范围内的水尺。

校测水尺时，用单程仪器站数 n 作为计算往返测量不符值的控制指标，往返测量同一支水尺，零点高程允许不符值为：平坦地区用 $\pm\sqrt{n}$，不平坦地区用 $\pm 3\sqrt{n}$，或虽超过允许不符值，但对一般水尺小于 10mm 或对比降水尺小于 5mm 时，可采用校测前的高程；否则，采用校测后的高程，应及时查明水尺变动的原因及日期，以确定水位的改正方法。

（二）水位的间接观测设备

间接观测设备主要由感应器、传感器与记录装置三部分组成。感应水位的方式有浮子式、水压式、超声波式等多种类型。间接观测设备，按传感距离可分为就地自记式与远传、遥测自记式两种，按水位记录形式可分为记录纸曲线式、打字记录式、固态模块记录式等。

1. 浮子式水位计

浮子式水位计是利用水面的浮子随水面一同升降，并将它的运动通过比例轮传递给记录装置或指示装置的一种水位自记仪器。

浮子式水位计使用历史长、用户量大、产品成熟，是目前使用较多的水位计。该产品具有结构简单，性能可靠，操作使用、保养维修方便，经久耐用，精度高等优点。但是，使用浮子式水位计需要建立水位计台，有些测站建水位计台困难或建水位计台费用昂贵，使浮子式水位计使用受到限制。在多沙河流上测井易发生泥沙淤积，这也会影响浮子式水位计的使用。浮子式水位计按记录时间长短分为日记型、旬记型、月记型等，按仪器的构造型式又分为卧式、立式和往复式等。

2. 水压式水位计

通过测量水体的静水压力实现水位测量的仪器称为压力式水位计。压力式水位计又分为气泡式压力水位计和压阻式压力水位计两种。通过气管向水下的固定测点通气，使通气管内气体压力和测点的静水压力平衡，从而实现通过测量通气管内气体压力来完成水位测量。这种装置，通常称之为气泡式水位计。

20 世纪 70 年代，一种新型压力传感器迅速发展，该传感器是直接将压力传感器严格密封后置于水下测点，使其将静水压力转换成电信号，用防水电缆传至岸上，再用专用仪表将电信号转换成水位值，这种水位计被称为“水下直接感压式压力水位计”，又称“压阻式压力水位计”。

压阻式压力水位计简称压力式水位计，是将扩散硅集成压阻式半导体压力传感器或压力变换器直接投入水下测点感应静水压力的水位测量装置。它适用于江河湖泊、水库及其他密度比较稳定的天然水体中，无须建造水位测井，便能实现水位测量和存贮记录。

3. 超声波水位计

超声波水位计是一种把声学和电子技术结合起来的水位测量仪器，按照声波传播介质的区别可分为液介式和气介式两大类。

声波是机械波，其频率在 20~2000Hz。可以引起人类听觉的为可闻声波，更低频率的声波叫作次声波，更高频率的声波叫作超声波。超声波水位计通过超声换能器将具有一定频率、功率和宽度的电脉冲信号转换成同频率的声脉冲波，定向朝水面发射。此超声波到达水面后被反射回来，其中部分超声能量被换能器接收，又将其转换成微弱的电信号。这组发射与接收脉冲经专门电路放大处理后，可形成一组与声波传播时间直接关联的发收信号，根据需要，经后续处理可转换成水位数据，并进行显示或存贮。

换能器安装在水中的称为液介式超声波水位计，而换能器安装在空气中的称为气介式超声波水位计，后者为非接触式测量。

三、水位观测与日平均水位计算

（一）水位观测

1. 用水尺观读水位

水位基本定时观测时间为北京时间 8 时（24 时计时法）。在西部地区，在冬季 8 时观测有困难或枯水期 8 时代表性不好的测站可根据具体情况，经实测资料分析及主管领导机关批准，改在其他代表性好的时间定时观测。

水位的观读精度一般记至 1cm，当上下比降断面水位差小于 0. 2m 时，比降水位应读记至 0. 5cm。水位每日观测次数，以能测得完整的水位变化过程，满足日平均水位计算、极值水位挑选流量推求和水情拍报的要求为原则。

水位平稳时，1 日内可只在 8 时观测 1 次；稳定的封冻期没有冰塞现象且水位平稳时，可每 2~5d 观测 1 次，月初、月末的两天必须观测。

水位有缓慢变化时，每日 8 时、20 时观测两次；对枯水期 20 时观测确有困难的站，可提前至其他时间观测。

当水位变化较大或出现较缓慢的峰谷时，每日 2 时、8 时、14 时、20 时观测 4 次。

在洪水期或水位变化急剧时期，可每 1~6h 观测 1 次；当水位暴涨暴落时，应根据需要增为每半小时或若干分钟观测 1 次，应测得各次峰、谷和完整的水位变化过程。

结冰流冰和发生冰凌堆积、冰塞的时期，应增加测次，测得完整的水位变化过程。

由于水位涨落，水位将要由一支水尺淹没到另一支相邻水尺时，应同时读取两支水尺上的读数，一并记入记载簿内，并立即算出水位值进行比较。二者的差值若在允许范围内时，应取二者的平均值作为该时观测的水位；否则，应即时校测水尺，并查明不符原因。

2. 用自记水位计观测水位

（1）自记水位计的检查和使用

在安装自记水位计之前或换记录纸时，应检查水位轮感应水位的灵敏性和走时机构的正常性。电源要充足，记录笔、墨水应满足记录需要。换纸后，应上紧自记钟，将自记笔尖调整到当时的准确时间和水位坐标上，观察 1~5min，待一切正常后方可离开，当出现故障时应及时排除。

自记水位计应按记录周期定时换纸，并注明换纸时间与校核水位。当换纸恰逢水位急剧变化或高、低潮时，可适当延迟换纸时间。

对自记水位计应定时进行校测和检查。使用日记式自记水位计时，每日 8 时定时测 1 次；资料用于潮汐预报的潮水位站时，应每日 8 时、20 时校测 2 次；当 1 日内水位变化较大时，应根据水位变化情况增加校测次数。使用长周期自记水位计时，对周记和双周记式自记水位计应每 7 日校测 1 次；对其他长期自记水位计，应在使用初期根据需要增加校测次数，待运行稳定后，可根据情况适当减少校测次数。

校测水位时应在自记纸的时间坐标上画一短线。需要测记附属项目的站应在观测校核水尺水位的同时观测附属项目。

（2）水位计的比测

自记水位计应与校核水尺进行一段时期的比测，比测合格后，方可正式使用。比测时，可将水位变幅分为几段，每段比测次数应在 30 次以上，测次应在涨落水段均匀分布，并应包括水位平稳、变化急剧等情况下的比测值。长期自记水位计应取得一个月以上连续完整的比测记录。

比测结果应符合下列规定：①置信水平95%的综合不确定度不超过3cm，系统误差不超过1%；②计时系统误差应符合自记钟的精度要求。

（3）自记水位计记录的订正与摘录

①自记水位计记录的订正。取回记录纸后，应检查记录纸上有无漏填或错写的项目，如有应补填或纠正。当记录曲线呈锯齿形时，应用红色铅笔通过中心位置画一细线作为水位过程线；当记录曲线呈阶梯状时，应用红色铅笔按形成原因加以订正。当记录曲线中断不超过3h且不是水位转折时期时，一般测站可按曲线的趋势用红色铅笔以虚线插补描绘；潮水位站可按曲线的趋势并参考前一天的自记曲线，用红色铅笔以虚线插补描绘。当中断时间较长或跨越峰、谷时，不宜描绘中断时间的水位，可采用曲线趋势法或相关曲线法插补计算，并在水位摘录表的备注栏中注明。自记水位记录的订正，包括时间订正和水位订正两部分。一般站1日内若自记水位与校核水位之差超过2cm，时间误差超过5min，则应进行订正。资料用于潮汐预报的潮水位站，当使用精度较高的自记水位计时，1日内水位误差若超过1cm，时间误差超过1min，则应进行订正。订正时宜先做时间订正，后做水位订正。②自记水位计记录的摘录。自记水位记录的摘录应在订正后进行，摘录的成果，应能反映水位变化的完整过程，并满足计算日平均水位统计特征值和推算流量的需要。当水位变化不大且变率均匀时，可按等时距摘录；当水位变化急剧且变率不均匀时，应加摘转折点。摘录的时刻宜选在6min的整数倍之处。8时水位和特征水位必须摘录。当需要用面积包围法计算日平均水位时，0时和24时水位必须摘录。摘录点应在记录线上逐一标出，并注明水位值，以备校核。

（二）日平均水位计算

日平均水位是指在某一水位观测点1日内水位的平均值，其推求原理是将1日内水位变化的不规则梯形面积概化为矩形面积，其高即日平均水位。具体计算时，视水位变化情况分面积包围法和算术平均法两种。

第三节　流量测验

一、概述

流量是单位时间内流过江河某一横断面的水量，单位为m^3/s。流量是反映水资源和江

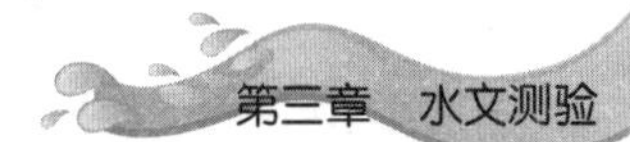

河、湖泊、水库等水量变化的基本资料，也是河流最重要的水文要素之一。

受自然条件和其他因素的影响，天然河流的流量大小悬殊，如我国北方河流旱季有断流现象，使得江河的流量变化错综复杂。研究掌握江河流量变化的规律，为国民经济建设服务，必须积累不同地点、不同时间的流量资料。因此，水文站需要根据河流水情变化的特点，采用适当的测流方法进行流量测验。

（一）流量测验方法的分类

目前，国内外采用的测流方法和手段很多，按测流的工作原理，可分为下列几种类型：

1. 流速面积法

常用的有流速仪测流法、浮标测流法、航空摄影测流法、遥感测流法、动船法、比降法等。

2. 水力学法

这种方法包括量水建筑物测流和水工建筑物测流。

3. 化学法

化学法包括溶液法、稀释法、混合法等。

4. 物理法

这类方法有超声波法、电磁法和光学法测流等。

5. 直接法测流

这种方法包括容积法和重量法，适用于流量极小的山涧小沟和实验室模型测流。实际测流时，在保证资料精度和测验安全的前提下，应根据具体情况，因时、因地选用不同的测流方法。

（二）流速分布和流量模型

研究流速脉动现象及流速分布是为了掌握流速随时间和空间变化的规律。它对于流量测验具有重大意义，可以合理布置测速点及控制测速历时。

1. 流速脉动

水体在河槽中运动，受许多因素的影响，如河道断面形状、坡度、糙率、水深、弯道及风、气压和潮汐等，使得天然河流中的水流大多呈紊流状态。由水力学可知，紊流中水质点的流速，不论其大小、方向，都是随时间的变化而不断变化着的，这种现象称为流速脉动现象。

流速脉动现象是由水流的紊动引起的，紊动愈强烈，脉动也愈明显。通过水力学试验发现，流速水头有上下振动的现象，同时还发现河床粗糙则脉动增强，否则减小。用流速仪在河流中测速，也可看到流速脉动的现象。

从一些实测资料对比可知：山区河流的脉动强度大于平原河流，封冻时冰面下的流速脉动也很强烈。这些都反映了河床粗糙程度对脉动的影响。

这里应说明一点，在河流中进行的流速脉动试验，因受流速仪灵敏度的限制，测得的流速都不是真正的瞬时流速，仍然是时段平均值，只不过时段较短。因此，测得的流速脉动变化过程仅是近似的。

2. 河道中流速分布

研究河流中的流速分布主要是研究流速沿水深的变化，即垂线上的流速分布，以及流速在横断面位置上的变化。研究流速分布对泥沙运动、河床演变等都有很重要的意义。

3. 流量模的概念

河道中的流速分布，沿着水平与垂直方向都是不同的，为了描述流量在断面内的形态，可采用流量模型的概念。通过某一过水断面的流量，是以过水断面为垂直面、水流表面为水平面、断面内各点流速矢量为曲面所包围的体积，表示单位时间内通过过水横断面的水的体积。该立体图形称为流量模型，简称流量模，它形象地表示了流量的定义。

通常情况下，用流速仪测流时，是假设将断面流量模型垂直切割成许多平行的小块，每一块称为一个部分流量；在超声波分层积宽测流时，是假设将断面流量水平切割成许多层部分流量。

在过水断面内，不同部位对流量的叫法有以下四种：①单位流量。单位时间内，水流通过某一单位过水面积上的体积。②单宽流量。单位时间内，水流通过以某一垂线水深为中心的单位河宽过水面积上的体积。③单深流量。单位时间内，水流通过以水面下某一深度为中心的单位水深过水面积上的体积。④部分流量。单位时间内，水流通过某一部分河宽过水面积上的体积。

二、断面测量

断面测量是流量测验工作重要的组成部分。断面流量要通过对过水断面面积及流速的测定来间接加以计算，因而断面测量的精度直接关系到流量成果精度。同时，断面资料又为研究部署测流方案、选择资料整编方法提供依据，对于研究分析河床的演变规律，航道或河道的整治都是必不可少的。

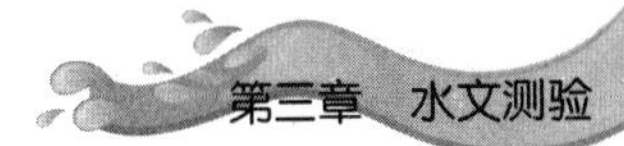

（一）断面测量内容

垂直于河道或水流方向的截面称为横断面，简称断面。断面与河床的交线，称为河床线。

水位线以下与河床线之间包围的面积称为水道断面，它随着水位的变化而变动；历史最高洪水位与河床线之间包围的面积称为大断面，它包括水上及水下两部分。

断面测量的内容是测定河床各点的起点距（距断面起点桩的水平距离）及其高程，对水上部分各点高程采用四等水准测量，对水下部分则是测量各垂线水深并观读测深时的水位。

（二）断面测量的基本要求

1. 测量范围

大断面测量应测至历史最高洪水位以上 0.5~1.0m。漫滩较远的河流，可只测至洪水边界。有堤防的河流，应测至堤防背河侧地面为止。

2. 测量时间

大断面测量宜在枯水期单独进行，此时水上部分所占比重大，易于测量，所测精度高。水道断面测量一般与流量测验同时进行。

3. 测量次数

对新设测站的基本水尺断面、测流断面、浮标断面、比降断面，均应进行大断面测量。断面设立后，对于河床稳定的测站（水位与面积关系点偏离关系曲线小于±3%），每年汛期前复测 1 次；对河床不稳定的测站，除每年汛前、汛后施测外，还应在每次较大洪峰后加测（汛后及较大洪峰后，可只测量洪水淹没部分），以了解和掌握断面冲淤变化过程。

4. 精度要求

大断面岸上部分的测量应采用四等水准测量。施测前应清除影响测量的杂草及障碍物，可在地形转折点处打入标有编号的木桩作为高程的测量点。测量时前后视距不等差不超过 5m，累积差不超过 10m，往返测量的高差不符值在 $\pm 30\sqrt{K}$mm（K 为往返测量或左右路线所算得的测段路线长度的平均长度，km）范围内。对地形复杂的测站可低于四等水准测量。

（三）水深测量

1. 测深垂线的布设

垂线的布设原则。测深垂线的布设应均匀分布，并能控制河床变化的转折点，使部分水道断面面积无大补大割情况。当河道有明显漫滩时，主槽部分的测深垂线应较滩地更密。

垂线数及布设位置对断面测量精度的影响。水道断面测量的精度直接影响流量成果的精度。

2. 水深测量方法

根据不同的测深仪器及工作原理，水深测量可划分成以下三种形式：

（1）测深杆、测深锤测深

①测深杆测深。将刻有读数标志，下端装有一个圆盘的测杆垂直放入水中进行直接测深。它适用于水深较浅、流速较小的河流。测深杆测深可用船测或涉水进行。②测深锤测深。将测深锤（铁砣）上系有读数标志的测绳放入水中进行测深。该法适用于水库或水深较大但流速小的河流。

（2）悬索测深

悬索测深是用悬索（钢丝绳）悬吊铅鱼，测定铅鱼自水面下放至河底时，绳索放出的长度。该法适用于水深流急的河流，应用范围广泛，因而它是目前江河断面测深的主要测量方法之一。

在水深流急时，水下部分的悬索和铅鱼受到水流的冲击而偏向下游，与铅垂线之间产生一个夹角称为悬索偏角。为减小悬索偏角，铅鱼形状应尽量接近流线型，表面光滑、尾翼大小适宜，要求做到阻力小、定向灵敏，各种附属装置应尽量装入铅鱼体内；同时，铅鱼要具有足够的重量。铅鱼重量的选择，应根据测深范围内水深流速的大小而定。对使用测船的测站，还应考虑在船舷一侧悬吊铅鱼对测船安全性与稳定性的影响及悬吊设备的承载能力等因素。

（3）超声波测深

利用超声波在不同介质的界面上具有定向反射的这一特性，从水面垂直向河底发射一束超声波，声波即通过水体传播至河底，并以相同时间和路线返回水面；根据声波在水中的速度，测定往返所需传播时间，便可计算出水深。这一测深方法，称为超声波测深。

（四）起点距测定

大断面和水道断面的起点距，均以高水位的断面起点桩（一般为设在岸上的断面桩）作为起算零点。起点距的测定也就是测量各测深垂线距起点桩的水平距离。常用方法有平面交会法、极坐标交会法、GPS 定位系统、断面索法及计数器法。

（五）断面资料的整理与计算

断面测量工作结束后应及时对断面资料加以整理与计算，内容包括检查测深与起点距垂线数目及编号是否相符、测量时的水位及附属项目是否填写齐全、计算各垂线起点距、根据水位变化及偏角大小确定是否需要进行水位涨落改正及偏角改正、计算各点河底高程并绘制断面图、计算断面面积等。

三、流速仪测流

（一）流速仪

一般常用的流速仪是机械式转子流速仪。转子流速仪分为旋杯式和旋桨式两种。仪器惯性力矩小，旋轴的摩阻力小，对流速的感应灵敏；结构坚固，不易变形；仪器的支承及接触部分装在体壳内能防止进水进沙，在含沙含盐的水中都能应用；结构简单使用方便，便于拆装清洗修理；体积小、重量轻，便于携带，价格低，便于推广。但是，水流含沙量较大时转轴加速、漂浮物多时易缠绕等问题难以解决。因此，各国正在试验研究采用其他感应器来测速，如超声波流速仪、电磁流速仪、光学流速仪等，这些流速仪都称为非转子式流速仪。

（二）流速仪测速的方法

流速仪法测流是目前国内外使用最广泛的方法，也是最基本的测流方法。同时，也是评定和衡量各种测流新方法精度的标准。近年来尽管测流新技术得到了迅速的发展，但在相当长的时间内还不可能完全取代流速仪法测流。

用流速仪法测流时，必须在断面上布设测速垂线和测速点，以测量断面面积和流速。测流的方法根据布设垂线、测点的多少和繁简程度的不同可分为精测法、常测法和简测法；根据测速方法的不同，又可分为积点法和积深法两种。

1. 测速垂线的数目与布置

在断面上布设测速垂线的多少，取决于所要求的流量精度，以及垂线平均流速沿断面分布的变化情况；此外，还应考虑节省人力和时间。因此，合理的测速垂线数目，应能充分反映横断面流速分布的最少垂线数。

目前，我国对测速垂线数目的规定主要是根据河宽和水深而定的。宽浅河道测速垂线数目多一些，窄深河道则少一些。一般国际上多采用多线少点测速。国际标准建议测速垂线不少于 20 条，任一部分流量不超过总流量的 10%。

测速垂线布置。垂线布设应均匀分布，并控制断面地形和流速沿河宽分布的主要转折点。主槽应较滩地更密；测流断面内大于总流量 1%的独股水流、串沟，应布设测速垂线；随水位级的不同，断面形状或流速横向分布有较明显变化的，可分高、中、低水位级分别布设测速垂线。

另外，测速垂线布置应尽量固定，以便于测流成果的比较，了解断面冲淤与流速变化情况，研究测速垂线与测速点数目的精简分析等。当遇到水位涨落或河岸冲淤，靠岸边的垂线离岸边太远或太近时，应及时调整或补充测速垂线；当断面出现死水、回流，须确定死水、回流边界或回流量时，应及时调整或补充测速垂线；当河流地形或流速沿河宽分布有明显变化时，应及时调整或补充测速垂线；当冰期的冰花分布不均匀、测速垂线上冻实、靠近岸冰与敞露河面分界处出现岸冰时，应及时调整或补充测速垂线。

2. 精测法、常测法与简测法

精测法是指在较多的垂线和测点上，用精密的方法测速以研究各级水位下测流断面水力要素的特点并为制订精简测流方案提供依据的方法。精测法工作量大，不适于日常工作，主要是为分析研究积累资料。

常测法是指在保证一定精度的条件下，经过精简分析，直接用较少的垂线、测点测速和测算流量的方法。该法是平时测流常采用的方法。

简测法是为适应特殊水情，在保证一定精度的前提下，经过精简分析，用尽可能少的垂线、测点测速的方法。

这里提出的精度要求是以精测法为标准，经过精简分析符合一定精度要求而采用常测法、简测法时，其容许误差的限界。

常测法和简测法在垂线上一般用两点法测速。在水位涨落急剧的断面，为了缩短测速历时，提高测流成果精度，可改用一点法测速。

3. 积点法测速与测速点

积点法测速就是在断面的各条线上将流速仪放在许多不同的水深点处逐点测速，然后

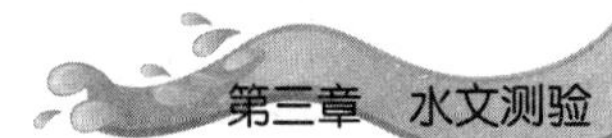

计算流速、流量。这是目前最常用的测速方法。

垂线上测速点的数目，主要考虑资料精度要求、节省人力与时间。用精测法测流时，测速垂线上测速点数目，根据水深及流速仪的悬吊方式等条件而定。测速点的位置，主要取决于垂线流速分布。

4. 积深法测速

积深法测速不是流速仪停留在某点上测速，而是流速仪沿垂线匀速提放测得流速。该方法可直接测得垂线平均流速，减少测速历时，是简捷的测速方法，故采用常测法、简测法测流时，可用积深法测速。

四、其他测流方法

（一）量水建筑物测流

量水建筑物测流属于水力学法测流，它是由测得的水位或水深水头等代入水力学公式计算出流量。该方法比流速仪法测流简单，观测人员少，量测精度较高，使用方便（主要用于小流量的测定），而且容易实现遥测，便于电子计算机处理数据。常用的量水建筑物有量水槽、量水堰等。量水建筑物类型的选择，主要根据流量大小、河床特性等情况而定。

（二）水电站测流

水电站测流可以在引水渠压力水管、水轮机蜗壳或尾水渠上进行。在引水渠和尾水渠上可以采用一般河流上的测流方法，应用最广的是流速仪法。在压力水管和蜗壳中测流的方法有流速仪法、盐溶液法、指数法、抽水法、压力时间法、皮托管法、文丘里管法、摩擦损失落差法等。

（三）超声波测流

超声波测流是利用超声波传播具有很强的方向性，超声波传播速度与水流流速成正比例变化，以及超声波的多普勒效应等特性测定流速及流量的。该方法在实际应用中可分为三大类：第一类是利用超声波在水中传播时间的变化来反映水流速度的变化，包括时差法、频差法和相位差法；第二类是利用声波波束偏移的方法，即声束偏移法；第三类是利用多普勒原理，即多普勒法。

第四节　坡面流测验与泥沙测验

一、坡面流测验

坡面流在小流域地表径流中占很重要的地位，从坡面流失的泥沙是河流泥沙的主要来源。同时，人类活动很大部分是在坡地上进行的，特别是山丘区。因此，了解和掌握人类活动对坡面流和坡面泥沙的影响程度是必要的。目前，测定坡面流的方法主要采用试验沟和径流小区两种方法。

（一）试验沟和径流小区的选定

选择试验沟和径流小区时，应考虑如下三个方面：①试验区的植被、土壤、坡度及水土流失等应有代表性，即对试验所取得的经验数据应具有推广意义，严禁在有破碎断裂带构造和溶洞的地方选点；②选择的试验沟，其分水线应清楚，应能汇集全部坡面上的来水，并在天然条件下便于布置各种观测设备；③选定的试验沟、径流小区的面积一般应满足研究单项水文因素和对比的需要。试验沟的面积不宜过大，径流小区的面积可从几十平方米至几千平方米，根据具体的地形和要求确定。

（二）试验沟的测流设施

为了测得试验沟的坡面流量及泥沙流失量，其测验设施由坡面集流槽、出口断面的量水建筑物及沉沙池组成。

地面集流槽沿天然集水沟四周修建，其内口（迎水面）与地面齐平，外口略高于内口，断面呈梯形或矩形的环形槽。修建时，应尽量使天然集水沟的集水面积缩到最小，而集水沟只起汇集拦截坡面流和坡面泥沙的作用。为使壤中流能自由通过集流槽，修建时槽底应设置较薄的过滤层。为了防止集流槽开裂漏水，槽的内壁可用高标号水泥浆抹面或采取其他保护措施。为了使集流槽内的水流畅通无阻，在内口边缘应设置一道防护栅栏，防止坡面上枝叶杂草滑入槽内。在集流槽两侧端点出口处，设立量水堰和沉沙池。在天然集水沟出口处，再设立测流槽等量水建筑物，以测定总流量和泥沙。

（三）径流小区的测流设施

为了研究坡地汇流规律，可在试验区的不同坡地上修建不同类型的径流小区来观测降

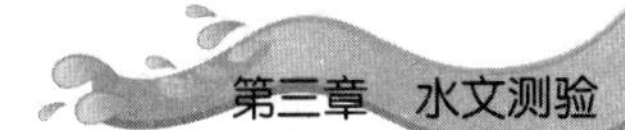

雨、径流和泥沙，以此分析出各自然因素、人类因素与汇流的关系。

径流小区适用于地面坡度适中、土壤透水性差、湿度大的地区。在平整的地面上，一般为宽5m（与等高线平行）、长20m、水平投影面积为100m²的区域。此外，根据任务、气象、土壤、坡长等条件，也可采用如下尺寸：

10m×20m、10m×40m、10m×80m；

20m×40m、20m×80m、20m×150m。

径流小区，可以两个或更多个排列在同一坡面上，两两之间合用护墙。如受地形限制，也可单独布置。小区的下端设承水槽，其他三面设截水墙。截水墙可用混凝土、木板、黏土等材料修筑，墙应高出地面15~30cm，上缘呈里直外斜的刀刃形，入土深50cm，截水墙外设有截水沟，以防外来径流流入小区。截水沟距截水墙边坡应不小于2m，沟的断面尺寸视坡地大小而定，以能排泄最大流量为宜。

径流小区下部承水槽的断面呈矩形或梯形，可用混凝土、砖砌用水泥抹面。水槽须加盖，防止雨水直接入槽，盖板坡面应朝向场外。槽与小区土块连接处，可用少量黏土夯实，防止水流沿壁流走。槽的横断面不宜过大，以能排泄小区内最大流量为准。

承水槽有引水管，与积水池连通，引水管的输水能力按水力学公式进行计算。积水池的量水设备有径流池、分水箱、量水堰、翻水斗等多种，可根据要求选用。如选用径流池作为量水设备，池的大小应以能汇集小区某频率洪水流量为宜。池壁要设水尺和自记水位计，测量积水量。池底要设排水孔。池应有防雨盖和防渗设施，以保证精度。

一般采用体积法观测径流，即根据径流池水位上升情况计算某时段的水量。测定泥沙也是采用取水样称重法，即在雨后从径流池内采集单位水样，通过量体积、沉淀、过滤、烘干和称重等步骤，即可求得含沙量。取样时，先测定径流池内泥水总量，然后搅拌泥水，再分层取样2~6次，每次取水样0.1~0.5L，把所取水样混合起来，再取0.1~1L水样，即可分析含沙量。如池内泥水较多或池底沉泥较厚，搅拌有困难时，可先用明矾沉淀，没出上部清水，并记录清水量，再算出泥浆体积，取泥浆4~8次混合起来，取0.1L的泥浆样进行分析。

径流小区的径流量和泥沙冲刷量的计算方法：

径流：由总径流量L除以1000，得总水量（m³）。

冲刷：由总泥水量（m³）乘单位含沙量（g/m³），再除以1000，得总输沙量（kg）。

径流深等于1000乘以径流小区面积的积除以总水量。

侵蚀模数等于1000乘以径流小区面积的积除以总输沙量。

（四）插签法

在精度要求较低时，可用插签法估算土壤的流失，即在土壤流失区内，根据各种土壤类型及其地表特征，布设若干与地面齐平的铁签或竹签，并测出铁签、竹签的高程，经过若干时间后，再测定铁签、竹签裸露出地面的高程，这两次测得的高程之差即为冲刷深（mm），再使其乘以实测区内的面积，所得数值即为冲刷量。

二、泥沙测验

（一）泥沙测验的意义

河流中挟带不同数量的泥沙淤积河道，使河床逐年抬高，容易造成河流的泛滥和游荡，给河道治理带来很大的困难。黄河下游泥沙的长期沉积，形成了举世闻名的“悬河”，这正是水中含沙量大所致。泥沙的存在使水库淤积，缩短工程寿命，降低工程的防洪、灌溉、发电能力；泥沙还会加剧水力机械和水工建筑物的磨损，增加维修和工程造价等。泥沙也有其有利的一面：粗颗粒是良好的建筑材料；将细颗粒泥沙用于灌溉，可以改良土壤，使盐碱沙荒变为良田；抽水放淤可以加固大堤，从而增强抗洪能力等。

对一个流域或一个地区而言，为了达到兴利除害的目的就要了解泥沙的特性、来源、数量及时空变化，为流域的开发和国民经济建设提供可靠的依据。为此，必须开展泥沙测验工作，系统地搜集泥沙资料。

（二）河流泥沙的分类

泥沙分类形式很多，从泥沙测验方面来讲，主要考虑泥沙的运动形式和其在河床上的位置。

按运动形式，河流泥沙可分为悬移质、推移质与河床质三种。悬移质泥沙是指悬浮于水中，随水流一起运动的泥沙；推移质泥沙是指在河床表面，以滑动、滚动或跳跃形式前进的泥沙；河床质泥沙是组成河床活动层处于相对静止的泥沙。

按在河床中的位置，河流泥沙可分为冲泻质和床沙质两种。冲泻质泥沙是悬移质泥沙的一部分，它由更小的泥沙颗粒组成，能长期悬浮于水中而不沉淀，它在水中数量的多少，与水流的挟沙能力无关，只与流域内的来沙条件有关；床沙质泥沙是河床质的一部分，与水力条件有关，当流速大时，可以成为推移质和悬移质泥沙，当流速小时沉积不动成为河床质泥沙。

因泥沙运动受到本身特性和水力条件的影响，各种泥沙之间没有严格的界限。当流速小时，悬移质泥沙中一部分粗颗粒泥沙可能沉积下来成为推移质或河床质泥沙；反之，推移质或河床质泥沙中的一部分，在水流的作用下悬浮起来成为悬移质泥沙。随着水力条件的不同，它们之间可以相互转化，这也是泥沙治理困难的关键。

河流泥沙测验的内容，包括悬移质、推移质泥沙的数量和颗粒级配，以及河床质泥沙的颗粒级配。

（三）河流泥沙的脉动现象

与流速脉动一样，泥沙也存在着脉动现象，而且脉动的强度更大。在水流稳定的情况下，断面内某一点的含沙量是随时在变化的，它不仅受流速脉动的影响，还与泥沙特性等因素有关。

据研究，河流泥沙脉动强度与流速脉动强度及泥沙特性等因素有关，且大于流速脉动强度。泥沙脉动是影响泥沙测验资料精度的一个重要因素，在进行泥沙测验及其仪器的设计和制造时，必须充分考虑。

（四）悬移质泥沙在断面内的分布

悬移质泥沙含沙量在垂线上的分布，一般是从水面向河底呈递增趋势。含沙量的变化梯度还随泥沙颗粒粗细的不同而不同。颗粒越粗，梯度变化越大；颗粒越细，梯度变化越小。这是由细颗粒泥沙属冲泻质、不受水力条件影响、能较长时间漂浮在水中不下沉所致。由于垂线上的泥沙包含所有粒径的泥沙，故含沙量在垂线上的分布呈上小下大的曲线形态。

悬移质泥沙含沙量沿断面的横向分布，随河道情势、横断面形状和泥沙特性而变。如河道是顺直的单式断面，当水深较大时，含沙量横向分布比较均匀；在复式断面上，或有分流漫滩、水深较浅、冲淤频繁的断面上，含沙量的横向分布将随流速及水深的横向变化而变化。一般情况下，含沙量的横向变化较流速横向分布变化小，如岸边流速趋近于零，而含沙量却不趋近于零。这是由于流速与水力条件主要影响悬移质泥沙中的粗颗粒泥沙及床沙质泥沙的变化，而对悬移质泥沙中的细颗粒（冲泻质）泥沙影响不大。因此，河流的悬移质泥沙颗粒越细，沙量的横向分布就越均匀，否则相反。

（五）河床质泥沙测验

采取河床质泥沙的目的，是进行河床质泥沙的颗粒分析，取得泥沙颗粒级配资料，供分析研究悬移质泥沙含沙量和推移质泥沙基本输沙率的断面横向分布时使用。另外，河床质泥沙的颗粒级配状况，也是研究河床冲淤变化，利用理论公式估算推移质泥沙输沙率，研究河床糙率等的基本资料。

河床质泥沙的测验一般只在悬移质和推移质泥沙测验做颗粒分析的各测次进行，在施测的悬移质、推移质泥沙的各测线上取样。采样器应能取得河床表层 0.2m 以内的沙样，在仪器上提时，器内沙样应不致被水冲走。沙质河床质泥沙采样器有圆锥式、钻头式、悬锤式等类型。取样时，都是将器头插入河床，切取沙样。卵石河床质泥沙采样器有锹式与蚌式，取样时，将采样器放至河床上掘取抓取河床质泥沙样品，以供颗粒分析使用。

第四章 水资源评价

第一节 水资源评价概述

一、水资源评价的定义

水资源不仅是人类赖以生存的资源，而且是最重要的环境要素。由于过度开采和不合理地使用水资源，在很多地区已造成严重的水资源危机，包括地区性水资源严重短缺、水质污染、土壤沙化、地面沉降等生态环境和地质环境问题。联合国于20世纪70年代中期在阿根廷马德普拉塔召开的世界水会议的第一决议中指出，没有水资源的综合评价，就谈不上水资源的合理规划和管理，并号召各国要进行一次专门的国家水平的水资源评价活动。20世纪80年代中期，世界环境与发展委员会（World Commission on Environment and Development，简称WCED）提出的一份报告中指出："水资源正在取代石油而成为在全世界引起危机的主要问题。"21世纪，世界粮农组织发表《世界粮食和农业领域土地及水资源状况》《土地及水资源状况》报告，指出土地和水资源普遍退化和不断加重将全球许多主要粮食生产系统置于危险之中，给解决到2050年世界约90亿人的吃饭问题构成了重大挑战。粮农组织的报告警告说："由于许多主要粮食产区高度依赖地下水，地下水位不断下降和对不可再生的地下水资源的不断抽取正在对地方及全球粮食生产造成越来越大的威胁。"根据联合国第四版《世界水资源开发报告》（*The fourth edition of the World Water Development Report*，WWDR4），水资源需求的空前增长正威胁着各项主要发展目标，粮食需求的日益增长、急速的城市化及气候变化的影响，全球供水压力显著增加。因此，有必要研究水资源问题，对水资源进行科学的规划和管理，做到水资源合理开发利用和保护，以达到水资源、环境、经济和社会的协调和可持续发展。

水资源评价是水资源科学规划和管理的基础，为水资源规划和管理提供了基础数据和决策依据。《中国资源科学百科全书·水资源学》中定义水资源评价为"按流域或地区对水资源的数量、质量、时空分布特征和开发利用条件做出全面的分析估价，是水资源规划、开发、利用、保护和管理的基础工作，为国民经济和社会发展提供水决策依据”。从水资源评价的定义来看，其实质是服务于水资源开发利用实践，解决水资源开发利用中存在的问题，为实现水资源可持续利用提供重要保障。随着人类活动影响的日益增大，水资源评价面临着许多新问题，需要依靠科技进步而不断发展。20 世纪 80 年代中期，联合国教科文组织和世界气象组织给出水资源评价的定义：“水资源评价指对于水资源的源头、数量范围及其可依赖程度、水的质量等方面的确定，并在其基础上评估水资源利用和控制的可能性。”基于这一定义，水资源评价活动应当包括对评价范围内全部水资源量及其时空分布特征的变化幅度及特点、可利用水资源量的估计、各类用水的现状及其前景、评价全区及其分区水资源供需状况及预测可能的解决供需矛盾的途径、为控制自然界水源所采取的工程措施的正负两方面效益评价，以及政策性建议等。

二、水资源评价内容

我国的行业标准——《水资源评价导则》（SL/T 238-1999）明文规定，水资源评价的内容包括水资源数量评价、水资源质量评价、水资源开发利用及其综合评价。

水资源数量评价包括收集气象、水文、土地利用、地质地貌等基本资料，对资料进行可靠性、一致性和代表性审查分析，并进行资料的查补延长。在此基础上，进行降水量、蒸发量、地表水资源量、地下水资源量和水资源总量的计算。

水资源质量评价包括查明区域地表水的泥沙和天然水化学特性，进行污染源调查与评价、地表水资源质量现状评价、地表水污染负荷总量控制分析、地下水资源质量现状评价、水资源质量变化趋势分析与预测、水资源污染危害及经济损失分析、不同质量的可供水量估算及适用性分析，为水资源利用、保护和污染治理提供依据。

水资源开发利用及其影响评价的内容为：社会经济及供水基础设施现状调查分析；对现状水资源供用水情况进行调查分析，并指出存在的问题；水资源开发利用对环境的影响等。

水资源综合评价是在水资源数量、质量和开发利用现状评价及对环境影响评价的基础上，遵循生态良性循环、资源永续利用、经济可持续发展的原则，对水资源时空分布特征、利用状况及与社会经济发展的协调程度所做的综合评价。水资源综合评价内容包括：水资源供需发展趋势分析、评价区水资源条件综合分析和分区水资源与社会经济协调程度分析。

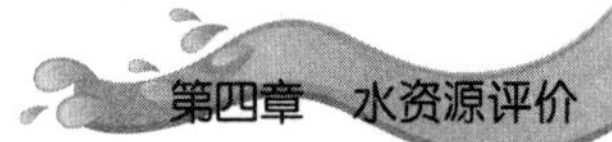

三、水资源评价发展过程

在联合国教科文组织、世界气象组织等机构的协调和带动下，各国在水资源调查、评价、开发利用和保护管理等方面开展了大量工作，并围绕共同关心的水资源问题举行了一系列重要的国际学术讨论会，推动了水资源评价工作的发展。各国的水资源评价内容，随着不同时代的水资源问题而不断充实。

我国水资源评价方法的研究起步略晚于国外，但受水资源短缺实践需求的驱使，水资源评价理论与方法发展非常快。主要可以分为三个阶段：早期评价阶段、中期评价阶段和现代评价阶段。

（一）早期评价阶段：水资源评价的雏形

20 世纪 50 年代，我国针对东部入海大江大河开展了较为系统的河川径流量的统计；20 世纪 60 年代，我国进行了较为系统的全国水文资料整编工作，并对全国的降水、河川径流、蒸散发、水质、侵蚀泥沙等水文要素的天然情况统计特征进行了分析，编制了各种等值线图和分区图表等，推动了水资源评价工作的发展。

（二）中期评价阶段：形成了较为稳定的水资源评价理论方法体系

随后的 20 世纪 80 年代，根据全国农业自然资源调查和农业区划工作的需要，我国开展了第一次全国水资源评价工作，当时主要借鉴了国外提出和采用的水资源评价方法，同时根据我国的实际情况做了进一步发展，包括提出了不重复的地下水资源概念及其评价方法等，最后形成了《中国水资源初步评价》和《中国水资源评价》等成果，初步摸清了我国水资源的家底。20 世纪末期，水利部在总结全国第一次水资源调查评价以来实践的基础上，以行业标准的形式发布了《水资源评价导则》，对水资源评价的内容及其技术方法做了明确的规定。

（三）现代评价阶段：不断完善和提升

随着我国社会经济发展的突飞猛进、人类活动对下垫面条件（包括植被、土壤、水面、耕地、潜水位等因素）的影响加剧，下垫面影响了流域天然下垫面的下渗、产流、蒸发、汇流等水文特性，对水资源评价也提出了新的挑战。21 世纪初，在国家发展改革委和水利部联合开展的“全国水资源综合规划”工作中，对水资源评价的技术和方法做了进一步的修改和完善，在评价内容上也较第一次评价有所增加。我国学者指出水资源评价方法需要从基础理论、评价口径、评价手段等方面进行系统革新，提出了流域水资源全口径层次化动态评价方法框架。21 世纪初，北京师范大学完成了首个《我国水资源利用效率评估及其方法研究报告》并面向社会发布。该报告建立了水资源利用效率评价指标体系，并对我国用水效率进行了综合评估和分析；该报告在科学评定水资源利用效率，以及创造全社会提高水资源利用效率氛围方面具有重要意义。另外，随着 3S 技术和计算机的不断发展和进步，水资源评价模型技术逐步发展起来，包括地下水动力学的地表-地下水资源联合评价模型、分布式水文模型、半分布式水文模型等。

第二节　水资源数量评价

水资源数量评价主要指地表水及地下水体中由当地降水形成的、可以更新的动态水量的评价。水资源量的计算包括区域降水量、地表水资源量、地下水资源量及总水资源量的计算。

一、地表水资源量评价

地表水资源包括河流、湖泊、冰川等，地表水资源量包括这些地表水体的动态水量。由于河流径流量是地表水资源的最主要组成部分，因此在地表水资源评价中用河流径流量表示地表水资源量。

地表水资源数量评价应包括下列主要内容：①单站径流资料统计分析；②主要河流年径流量计算；③分区地表水资源量计算；④地表水资源时空分布特征分析；⑤地表水资源可利用量估算；⑥人类活动对河流径流的影响分析。

（一）地表水资源水文循环要素的分析计算

地表水是河流、湖泊、冰川等的总称。在多年平均条件下，水资源量的收支项主要为降水、蒸发和径流。降水、蒸发和径流是决定区域水资源状态的三要素，三者之间的数量变化关系制约着区域水资源数量的多寡和可利用量。

1. 降水量计算

降水量的年际变化程度常用年降水量的极值比 K_a 或年降水量的变差系数 C_v 值表示。

（1）年降水量的极值比 K_a

年降水量的极值比 K_a 可表示为：

$$K_a = \frac{x_{max}}{x_{min}}$$

式中：x_{max} ——最大年降水量；

x_{min} ——最小年降水量。

K_a 值越大，降水量年际变化越大；K_a 值越小，降水量年际变化越小，降水量年际之间分布均匀。就全国而言，年降水量变化最大的地区是华北和西北地区，丰水年和枯水年降水量相比一般可达 3~5 倍，部分干旱地区高达 10 倍以上。南方湿润地区降水量的年际变化比北方要小，一般丰水年的降水量为枯水年的 1.5~2 倍。

（2）年降水量的变差系数 C_v

数理统计中用均方差与均值之比作为衡量系列数据相对离散程度的参数，称为变差系数 C_v，又称离差系数或离势系数。变差系数为一无量纲数。年降水量的变差系数 C_v 越大，表示年降水量的年际变化越大，反之越小。

2. 蒸发量计算

蒸发量计算有水面蒸发、陆面蒸发和干旱指数。

（1）水面蒸发量计算

$$E = \varphi E'$$

式中：E ——水面实际蒸发量；

E' ——蒸发皿观测量；

φ ——折算系数。

（2）路面蒸发量计算

$$E_i = P_i - R_i \pm \Delta W$$

式中：E_i ——时段内路面蒸发量；

P_i ——时段内区域平均降水量；

R_i ——时段内区域平均径流量；

ΔW ——时段内区域蓄水变量。

（3）干旱指数

年水面蒸发量与年降水量的比值。

3. 径流

流域上的降水，除去损失以后，经由地面和地下途径汇入河网，形成流域出口断面的水流，称为河流径流，简称径流。径流按其空间的存在位置分为地表径流和地下径流，按其形成水源的条件分为降雨径流、雪融水径流及冰融水径流等。地表径流是指降水除消耗外的水量沿地表运动的水流。地下径流是指降水后下渗到地表以下的一部分水量在地下运动的水流。河流径流的水情和年内分配主要取决于补给来源，我国河流的补给可分为雨水补给，地下水补给和积雪、冰川融水补给，并且以雨水补给为主。

（二）分区地表水资源量评价

分区地表水资源数量是指区内降水形成的河川径流量，不包括入境流量。分区地表水资源量评价应在求得年径流系列的基础上，计算各分区和全评价区同步系列的统计参数和不同频率的年径流量。

将计算区域划分为山丘区和平原区两大地貌单元，分别计算多年平均河川径流量。计算方法如下：

①代表站法：选取能控制全区的，实测径流资料系列长、精度高的代表站，如果径流条件相似，可以移用。②等值线法：多年平均径流深、年径流变差系数等值线图。③年降水径流关系法：选取实测降水、径流资料系列长、精度高的代表站，根据统计分析，建立降水径流关系，如果自然地理条件相似，可以移用。④利用水文模型计算径流量的系列。⑤利用自然地理特征相似的临近地区的降水、径流关系，由降水系列推求径流系列。

（三）可利用地表水资源量估算

水资源是重要的自然资源和经济资源，对水资源的开发利用应有一定的限度。地表水资源可利用量是指在经济合理、技术可能及满足河道内用水并估计下游用水的前提下，通过蓄、引、提等地表水工程可能控制利用的河道一次性最大水量（不包括回归水的重复利用）。因此，在水资源评价工作中，不仅要评价地表水资源的数量，还要搞清地表水资源的可利用量，为合理利用地表水资源提供科学依据。

对地表水资源可利用量的计算，通常采用的方法有两种：一是扣损法，即选定某一频率的代表年，在已知该年的自产水量（指当地降水产生的径流量）、入境水量的基础上，扣除蒸发渗漏等损失，以及出境入海等不可利用的水量，求得该频率的地表水资源可利用量；二是根据现状中大中型水利工程设施，对各河的径流过程以时历法或代表年法进行调节计算，以求得某一频率的地表水资源可利用量。

某一分区的地表水资源可利用量，不应大于当地河流径流量与入境水量之和再扣除相邻地区分水协议规定的出境水量，即：

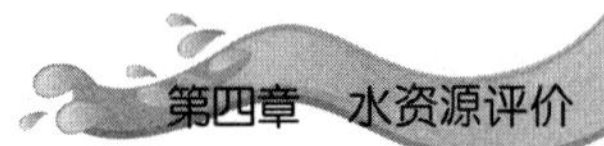

$$Q_{\text{可利用量}} = Q_{\text{当地河流径流}} + Q_{\text{入境}} - Q_{\text{出境}}$$

各分区可利用地表水资源量可以通过蓄水工程、引水工程和提水工程进行估算。

二、地下水资源量评价

我国较多的人主张将地下水资源量分为补给量、储存量和允许开采量（或可开采量）三类，既不用“储量”也不用“资源”，直接叫作“地下水的各种量”。下面将重点讨论这种分类。

（一）地下水补给量的计算

补给量是指在天然状态或开采条件下，单位时间从各种途径进入该单元含水层（带）的水量（m^3/a）。补给来源有降水渗入、地表水渗入、地下水侧向流入和垂向越流，以及各种人工补给。实际计算时，应按天然状态和开采条件下两种情况进行。然而，许多地区的地下水都已有不同程度的开采，很少有保持天然状态的情况。因此，首先是计算现实状态下地下水的补给量，然后再计算扩大开采后可能增加的补给量。后一种称为补给增量（或称诱发补给量、激发补给量、开采袭夺量、开采补充量等）。补给增量主要来自降水入渗、地表水、相邻含水层越流、相邻地段含水层、各种人工用水的回渗量等。

计算补给量时，应以天然补给量为主，同时考虑合理的补给增量。地下水的补给量是使地下水运动、排泄、水交替的主导因素，它维持着水源地的连续长期开采。允许开采量主要取决于补给量，因此，计算补给量是地下水资源评价的核心内容。

山丘区和平原区地下水的补给方式不同，其计算方法也不相同。

1. 山丘区地下水补给量

山丘区地下水补给量难以直接计算，目前只能以地下水的排泄量近似作为补给量，计算公式如下式所示：

$$\bar{u}_{\text{山}} = \overline{W}_{\text{山基}} + \bar{u}_{\text{潜}} + \bar{u}_{\text{侧}} + \bar{u}_{\text{泉}} + \overline{E}_{\text{山潜}} + \bar{q}_{\text{开}}$$

式中：$\bar{u}_{\text{山}}$——山丘区多年平均地下水补给量，亿 m^3；

$\overline{W}_{\text{山基}}$——多年平均河川基流量，亿 m^3；

$\bar{u}_{\text{潜}}$——多年平均河床潜流量，亿 m^3；

$\bar{u}_{\text{侧}}$——多年平均山前侧向流出量，亿 m^3；

$\bar{u}_{\text{泉}}$——未计入河川径流的多年平均山前泉水出露量，亿 m^3；

$\overline{E}_{山潜}$ ——多年平均潜水蒸发量，亿 m^3；

$\overline{q}_{开}$ ——多年平均实际开采的净消耗量重复水量，亿 m^3。

2. 平原区地下水补给量

平原区地下水补给量可按下式进行计算：

$$\overline{u}_{平}=\overline{u}_{p}+\overline{u}_{河渗}+\overline{u}_{侧}+\overline{u}_{渠渗}+\overline{u}_{库渗}+\overline{u}_{渠灌}+\overline{u}_{越补}+\overline{u}_{人工}$$

式中：$\overline{u}_{平}$ ——平原区多年平均地下水补给量，亿 m^3；

$\overline{u}_{p}$ ——多年平均降水入渗补给量，亿 m^3；

$\overline{u}_{河渗}$ ——多年平均河道渗漏补给量，亿 m^3；

$\overline{u}_{侧}$ ——多年平均山前侧向流入补给量，亿 m^3；

$\overline{u}_{渠渗}$ ——多年平均渠系渗漏补给量，亿 m^3；

$\overline{u}_{库渗}$ ——多年平均水库（湖泊、闸坝）蓄水渗漏补给量，亿 m^3；

$\overline{u}_{渠灌}$ ——多年平均渠灌田间入渗补给量，亿 m^3；

$\overline{u}_{越补}$ ——多年平均越流补给量，亿 m^3；

$\overline{u}_{人工}$ ——多年平均人工回灌补给量，亿 m^3。

降水入渗补给量 $\overline{u}_{p}$ 是平原区地下水的重要水源，主要取决于降水量、包气带岩性和地下水深埋等因素。$\overline{u}_{河渗}$、$\overline{u}_{渠渗}$、$\overline{u}_{库渗}$、$\overline{u}_{渠灌}$ 和 $\overline{u}_{人工}$ 分别为山丘区河川径流流经平原时（有时也包括平原区河川径流本身）的平均入渗补给量和人工回灌补给量。$\overline{u}_{侧}$ 也为山丘区平均山前侧向流出量。$\overline{u}_{越补}$ 为深层地下水的越流补给量。

据统计分析，我国北方平原区降水入渗补给量 $\overline{u}_{p}$ 占平原区地下水总补给量 $\overline{u}_{平}$ 的 53%，山丘区河川径流流经平原时的补给量占 43%，山前侧向流入补给量只占 4%。

（二）地下水资源评价方法

地下水资源评价方法众多，归纳如表 4-1 所示。

表 4-1　地下水资源评价

评价方法分类	主要方法名称	所需资料数据	适用条件
以渗流理论为基础的方法	解析法	渗流运动参数和给定边界条件、起始条件	含水层均质程度较高、边界条件简单，可概化为已有计算公式需求模式
	数值法（有限元、有限类、边界元等）、电模拟法	一个水文年以上的水位、流量动态观测或一段时间抽水流场资料	含水层非均质，但内部结构清楚，边界条件复杂，但能查清，对评价精度要求较高、面积较大
以观测资料统计理论为基础的方法	系统理论法（黑箱法）、相关外推法、Q-S 曲线外推法、开采抽水试验法	抽水试验或开采过程中的动态观测资料	不受含水层结构及复杂边界的限制，适于旧水源地或泉水扩大开采评价
以水均衡理论为基础的方法	水均衡法、单项补给量计算法、综合补给量计算法、地下径流量计算法、地下径流模数法、开采模数法	测定均衡区各项水量均衡要素	最好为封闭的单一隔水边界、补给项或消费项单一，水均衡需要易于测定
以相似比理论为基础的方法	直接比拟法（水量比拟法）、间接比拟法（水文地质参数比拟法）	类似水源地的勘探或开采统计资料	已有水源地和勘探水源地地质条件和水资源形成条件相似

三、水资源总量的计算

在分析计算降水量、河川径流量和地下水补给量之后，尚须进行水资源总量的计算。过去，有的部门将河川径流量与地下水补给量之和作为水资源总量。由于河川径流量中包括一部分地下水排泄量，而地下水补给量中又有一部分由河川径流所提供，因此将两者简单地相加作为水资源总量，结果必然偏大，只有扣除两者之间的重复水量才等于真正的水资源总量。据此，一定区域多年平均水资源总量的计算公式可以写成：

$$\overline{W}_{总} = \overline{W}_{河川} + \overline{u}_{地下} - \overline{W}_{重复}$$

式中：$\overline{W}_{总}$ ——多年平均水资源总量，亿 m^3；

$\overline{W}_{河川}$ ——多年平均河川径流量，亿 m^3；

$\overline{u}_{地下}$ ——多年平均地下水补给量，亿 m^3；

$\overline{W}_{重复}$ ——多年平均河川径流量与多年平均地下水补给量之间的重复量，亿 m^3。

若区域内的地貌条件单一（全部为山丘区或平原区），上式中右侧各分量的计算比较简单；若区域内既包括山丘区又包括平原区，水资源总量的计算则比较复杂。

若计算区域包括山丘区和平原区两大地貌单元，上式便可改写为：

$$\overline{W}_{总} = (\overline{W}_{山川} + \overline{W}_{平川}) + (\overline{u}_{山} + \overline{u}_{平}) - \overline{W}_{重复}$$

重复水量 $\overline{W}_{重复}$ 等于 $\overline{W}_{山基}$、$\overline{W}_{平基}$、$\overline{u}_{河渗}$、$\overline{u}_{渠渗}$、$\overline{u}_{库渗}$、$\overline{u}_{渠灌}$、$\overline{u}_{人工}$ 与 $\overline{u}_{侧}$ 各项之和，将其代入上式并整理得：

$$\overline{W}_{总} = \overline{W}_{山川} + \overline{W}_{平川} + \overline{u}_{潜} + \overline{u}_{侧} + \overline{u}_{泉} + \overline{E}_{山潜} + \overline{q}_{开} + \overline{u}_{p} + \overline{u}_{越补} - \overline{W}_{平基}$$

在山丘区、平原区多年平均河川径流量及地下水补给量各项分量算得的基础上，即可根据公式 $\overline{W}_{总} = \overline{W}_{山川} + \overline{W}_{平川} + \overline{u}_{潜} + \overline{u}_{侧} + \overline{u}_{泉} + \overline{E}_{山潜} + \overline{q}_{开} + \overline{u}_{p} + \overline{u}_{越补} - \overline{W}_{平基}$ 推求全区域多年平均水资源总量。

由公式 $\overline{u}_{山} = \overline{W}_{山基} + \overline{u}_{潜} + \overline{u}_{侧} + \overline{u}_{泉} + \overline{E}_{山潜} + \overline{q}_{开}$ 得：

$$\overline{u}_{山} - \overline{W}_{山基} = \overline{u}_{潜} + \overline{u}_{侧} + \overline{u}_{泉} + \overline{E}_{山潜} + \overline{q}_{开}$$

将公式 $\overline{u}_{山} - \overline{W}_{山基} = \overline{u}_{潜} + \overline{u}_{侧} + \overline{u}_{泉} + \overline{E}_{山潜} + \overline{q}_{开}$ 代入

式 $\overline{W}_{总} = \overline{W}_{山川} + \overline{W}_{平川} + \overline{u}_{潜} + \overline{u}_{侧} + \overline{u}_{泉} + \overline{E}_{山潜} + \overline{q}_{开} + \overline{u}_{p} + \overline{u}_{越补} - \overline{W}_{平基}$ 并整理得：

$$\overline{W}_{总} = \overline{W}_{山表} + \overline{W}_{平表} + \overline{u}_{山} + \overline{u}_{p} + \overline{u}_{越补}$$

式中：$\overline{W}_{山表}$ ——山丘区多年平均地表径流量，亿 m^3（$\overline{W}_{山川} = \overline{W}_{山表} + \overline{W}_{山基}$）；

$\overline{W}_{平表}$ ——平原区多年平均地表径流量，亿 m^3（$\overline{W}_{平川} = \overline{W}_{平表} + \overline{W}_{平基}$）。

其他符号意义同前。式 $\overline{W}_{总} = \overline{W}_{山表} + \overline{W}_{平表} + \overline{u}_{山} + \overline{u}_{p} + \overline{u}_{越补}$ 表明，区域多年平均水资源总量也等于山丘区、平原区多年平均地表径流量与山丘区地下水补给量、平原区降水入渗补给量、平原区地下水越流补给量之和。

第三节　水资源质量评价

水资源质量评价是水环境质量评价的简称，是环境质量评价体系中一种单要素评价。

水资源质量评价包括查明区域地表水的泥沙和天然水化学特征，进行污染源调查与评价、地表水资源质量现状评价、地表水污染负荷总量控制分析、地下水资源质量现状评价、水资源质量变化趋势分析及预测、水资源污染危害及经济损失分析、不同质量的可供水量估算及适用性分析，为水资源利用、保护和污染治理提供依据。

一、水资源质量评价的内容和方法

水的质量简称水质，是指水体中所含物理成分、化学成分、生物成分的总和。天然的水质是自然界水循环过程中各种自然因素综合作用的结果，人类活动对现代水质有着重要的影响。水的质量决定着水的用途和水的利用价值，优质的淡水可作为人类生活饮用水、工业生产用水和农业灌溉用水等。

水资源质量评价是按照评价目标，选择相应的水质参数（指标）、水质标准和计算方法，对水质的利用价值及水的处理要求做出的评定。

（一）水质评价分类

水质评价一般可分为以下四类：

第一，按评价对象可分为地下水水质评价、地表水水质评价、大气降水水质评价。供水实践中，主要是针对地下水和地表水这两种水开展水质评价工作。

第二，按水的用途可划分为养殖用水（渔业）水质评价、供水水质评价，包括农业灌溉用水、工业用水、生活饮用水等方面的水质评价，风景游览水体的水质评价及为水环境保护而进行的水环境质量评价等。

第三，按评价时段可分为三种，即回顾评价、现状评价、影响评价。回顾评价是利用积累的历史水质数据，揭示水质演化的过程；现状评价是根据近期水质监测数据，阐明水质当前的状况；影响评价又称预测评价，是针对拟建工程在运行后对水质的可能影响做出预测分析。

第四，按被评价的范围可划分为局部地段的水质评价和区域性的水质评价。在实际工作中上述分类往往是相互交叉的，例如，为供水服务的地下水水质评价，既应进行回顾评价又应突出现状评价的内容，同时还应对水源地投产后水质的可能变化做出预测分析。

（二）水质评价的分析指标

1. 物理指标

①感官物理性状指标：如温度、色度、臭味、浑浊度、透明度等。②其他物理性状指

标：如总固体、悬浮性固体、溶解性固体、电导率等。

2. 化学指标

（1）按水中常量化学指标分类

酸碱度：用pH值表征水体中氢离子的浓度，它是检测水体受酸碱污染程度的一个重要指标。

硬度：表征水中钙和镁离子的含量，分暂时硬度和永久硬度，常以水中碳酸钙的含量或以德国度表示，一个德国度相当于每升水含10mg的氧化钙或7.2mg的氧化镁。

矿化度：指溶解于水中的各种离子、分子和化合物的总含量（不包括悬浮物和溶解气体），通常以1L水中含有各种盐分的总克数来表示（g/L）。

碱度：水中能与酸发生中和反应（接受质子 H^+）的全部物质总量，分强碱、弱碱和强碱弱酸盐。

（2）按水的环境化学指标分类

化学需氧量（Chemical Oxygen Demand，简称COD）：水体中进行氧化过程所消耗的氧量，以氧当量（mg/L为单位）表示。

生化需氧量（Bio-Chemical Oxygen Demand，简称BOD）：水体中微生物分解有机化合物过程中所消耗的溶解氧量。

溶解氧（Dissolved Oxygen，简称DO）：溶解于水体中的分子态氧，是地表水水质评价的重要指标。

3. 生化指标

（1）细菌总数

水体中大肠菌群、病原菌、病毒及其他细菌的总数，以每升水样中的细菌总数表示，它反映的是水体受细菌污染的程度。

（2）大肠菌群

水体中大肠菌群的个数可表明水样被粪便污染的程度，间接表明有肠道病菌（伤寒、痢疾、霍乱等）存在的可能性，以每升水样中所含有的大肠菌群数目来表示。

（三）水资源质量评价方法

国内外水质评价工作历经半个多世纪，提出的评价方法种类繁多，归纳起来有三大类型：第一类是指数法，第二类是分级评价法，第三类是纯数字的方法。下面介绍一些代表性方法。

1. 无量纲污染指数法

国内外各类评价指数的基本单元都是$P_i = C_i/S_i$（P_i为单项污染指数，即实测浓度超过评价标准的倍数；C_i为参数浓度，mg/L；S_i为相应的标准浓度，mg/L）。$P_i \leqslant 1$说明水体尚未受到污染；$P_i > 1$说明水体已经受到污染。单项污染指数能直观地说明水质是否污染或超标，计算简便，但它易屏蔽极大和少数超标污染项目的影响，过分强调最大超标项的作用，不能反映水体的整体状况。要全面反映水体的质量状况，可用综合评价指数。

2. 分级评价法

分级评价法也是我国应用较多的方法。该法将评价参数的区域代表值与各类水体的分组标准分别进行对照比较，确定其单项的污染分级，然后进行等级指标的综合叠加，综合评价水体的类别或等级。该法克服了简单指数方法忽视不同污染物同一超标倍数所产生危害不同的缺点，克服了单项污染指数法有时区分水质级别不尽合理的状况。该法计算简单、方法简便易于应用，适合全国、全流域统一的水质评价，能直观、明确地反映水体水质污染的实际状况，反映水质综合效应。我们大范围水质评价多用此法，其代表表达式为：

$$K = \frac{\sum_{i=1}^{n} K_i L_i}{\sum_{i=1}^{n} L_i}$$

式中：K——河流综合水质指标；

K_i——子河流i水质级别；

L_i——子河段长度，km；

n——子河段个数。

3. 基于模糊理论的水环境质量评价法

由于水体环境本身存在大量的不确定因素，各个项目的级别划分、标准确定都具有模糊性，因此，模糊数学在水质综合评价中得到广泛应用。具有代表性的方法有模糊综合评价法、模糊概率评价法、模糊综合指数等。其中应用较多的是模糊综合评价法，根据各污染物的超标情况进行加权，但由于污染物毒性与浓度不是简单的比例关系，因此，这种加权不一定符合实际情况。从理论上讲，模糊综合评价法体现了水环境中客观存在的模糊性和不确定性，符合客观规律，具有一定的合理性。从目前的研究情况看，采用线性加权平均得到的评判极易出现失真、失效、跳跃等现象，存在水质类别判断不准或结果不可比的问题，可操作性较差。

4. 基于灰色系统理论的水环境质量评价法

由于水环境质量数据都是在有限的时间和空间内监测得到的，信息往往不完全或不确切，因此可将水环境系统视为一个灰色系统，即部分信息已知、部分信息未知或不确知的系统，据此对水环境进行综合评价。基于灰色系统理论的水质评价法通过计算评价水质中各因子的实测浓度与各级水质标准的关联度大小，确定评价水质的级别。根据同类水体与该类标准水体的关联度大小，还可以进行优劣比较。水质综合评价的灰色系统方法有灰色聚类法、灰色贴近度分析法、灰色关联评价法等。

如灰色关联度计算表达式：

$$\gamma_1 = \sum_{K=1}^{M} W_1(K)\xi_1(K)$$

式中：γ_1——关联度；

$\xi_1(K)$ ——关联系数；

$W_1(K)$ ——权重。

一般来说，关联度愈大，评价结果愈理想。本法信息获取最高，且对样本容量要求不高，能考虑多个因子共同影响，评价结果精度较高，但本法计算复杂，实际运用较少。

5. 基于人工神经网络的环境质量评价方法

人工神经网络是在现代神经科学研究成果基础上提出的一种数学模型。大多数水质评价模型存在如何确定各污染物权重的困难，而水质综合评价的实质是属于多指标的模式识别问题，目前 BP 人工神经已在模式识别中获得广泛应用。BP 人工神经网络模型被广泛地应用于地表水水质评价、地下水水质评价、湖泊富营养化评价等。神经网络即多层前馈式误差反传播神经网络，通常由输入层、输出层和若干隐含层构成，每层由若干个结点组成，每一个结点表示一个神经元，上层结点与下层结点之间通过权连接，同一层结点之间没有联系。

水资源质量评价作为水资源研究必不可少的一环，正方兴未艾，现在推行诸多方法，各有利弊，还有其他一些好的方法也正在探索，探索具有理论研究性质的工作方向。

以上几种方法在水资源质量评价中运用得比较多，还有其他的如基于集对分析和粗糙集理论的水环境质量评价法、基于统计理论的主成分分析法、基于物元可拓集的水质质量评价方法、基于投影寻踪技术的水质评价方法、基于遗传算法的水质评价方法等。

二、水资源质量评价的标准

水资源质量评价标准是随着水污染问题的出现而产生的。水资源质量标准体现国家政策和要求，是衡量水体是否受污染的尺度，是在一定时期内要求保持或达到的水环境目标，是水资源、水环境管理的执法依据，也是水质评价的基础和依据。

我国已制定颁布的水资源质量评价标准主要有：《生活饮用水卫生标准》（GB 5749-2020）、《地表水环境质量标准》（GB 3838-2002）、《海水水质标准》（GB 3097-1997）、《农田灌溉水质标准》（GB 5084-2021）、《地下水质量标准》（GB/T 14848-2017）、《污水综合排放标准》（GB 8978-1996）、《钢铁工业水污染物排放标准》（GB 13456-2012）、《炼焦化学工业污染物排放标准》（GB 16171-2012）、《汽车维修业水污染物排放标准》（GB 26877-2011）、《医疗机构水污染物排放标准》（GB 18466-2005）、《铝工业污染物排放标准》（GB 25465-2010）、《硫酸工业污染物排放标准》（GB 26132-2010）、《磷肥工业水污染物排放标准》（GB 15580-2011）等。

第四节　水资源开发利用及其影响评价

水资源利用评价是水资源评价中的重要组成部分，是水资源综合利用和保护规划的基础性前期工作，其目的是增强流域或区域水资源规划的全局观念和宏观指导思想。

一、水资源开发利用概述

（一）地表水取水构筑物

工程的类型应适应特定的河流水文、地形及地质条件，并考虑到工程的施工条件和技术要求。根据水源自然条件和用户对取水要求的差异，地表水取水构筑物可有不同形式。如取水形式可以分为蓄水工程、自流引水式和加压式（抽水站）等，按照加压式又可进一步将取水构筑物分为固定式、移动式，每类还可细分。每类工程自取水处至用户均应修建渠道（明渠）涵洞、管道等输水建筑物。

1. 自流引水式工程

河道天然流量能满足用水要求时，如水位高程也合适，可直接用引水渠引水；但当河流水位较低，或河水位虽高，但引水流量较大，或小水期须从河道引取大部分或全部来水时，则须修建拦河工程，以适当壅高上游水位和宣泄多余来水，并修建防沙及冲刷建筑物或根据需要修建发电、通航、过木、过鱼等专门建筑物，这些引水建筑物的综合体，就形成了引水枢纽，简称为渠首。除满足引水要求外，还应满足河道防洪和河道综合利用要求。引水枢纽分为无坝引水和有坝引水两种类型。无坝引水枢纽是在河岸适当位置开设引水口和修建其他附属建筑物，但不拦河筑坝壅高水位。优点在于工程简单，投资少，引水对河道综合利用影响小。但缺点在于，引水口工作受控于河道水位涨落，水口所在河段的冲淤变形难以控制，故引水可靠性差。这种类型适于大河引水，需要依据河势，慎重选择引水口位置。有坝引水枢纽修建有拦河堤坝，这种堤坝虽对河道径流无调节能力，仅用以控制河道引水水位，但可影响河床变形、航运和过鱼等。一般适用于大流量引水，应用非常广泛。

由于采取自流方式直接从河道引水，引水高程受河流河床断面控制，由于对河道水沙缺乏调节功能，引水流量受河道径流变化影响，且易引入大量泥沙。一般在洪水期间水位高，流量和含沙量较大，而枯水期则相反，故引水枢纽统一河源来水同用水供需间矛盾，在满足河道防洪和综合利用的同时，应能拦截或复归粗颗粒泥沙于河道，按照用水时间分配要求和限沙要求自流引水入渠。故此，引水口应开设于适宜高程并具有足够尺寸，且必须靠近主流，并辅以河道治理措施，防止引水口被洪水冲毁或被沙淤塞。

2. 蓄水工程

河流的天然流量及水位年际或年内均有丰、枯变化，而从供水，特别是城市、工业及人畜用水均有永续性和连续性要求，为了调节河源来水和用水在时间上的矛盾，常需要在河道上修建拦河坝以形成水库并抬高库内水位，利用水库的库容调节来水流量，以满足用户要求。蓄水工程由挡水建筑物、泄水建筑物和放（引）水建筑物组成。若多目标运行时，还可建有水电站或船闸等专门建筑物。

3. 扬水工程

当两岸地面远高出河道水流水位的时候，即使修建蓄水工程或拦河坝，也不能自流引水时，则必须通过修建泵房，通过一级或多级加压而将水送至用户，这样的取水工程称为扬水工程。扬水工程按取水口工程构筑物构造型式，分为固定、移动取水构筑物两类，但无论哪种类型，取水口建筑主要有集水建筑物（集水井、池）和加压泵房。

（二）地下水取水构筑物

由于地下水的类型、含水层性质及其埋藏深度等取水条件、施工条件和供水要求各不相同，故而，开采取集地下水的方式和构筑物类型等选择必须因地制宜地加以确定。

地下水取水构筑物依其设置方向是否与地表垂直分为垂直取水构筑物和水平取水构筑物两种形式。垂直取水构筑物主要为管井、大口井及辐射井。依其是否揭穿整个含水层厚度又可分为完整井和非完整井。而水平取水构筑物的设置方向与地表大体平行，主要有渗水管和渗渠及集水廊道等。此外，有些条件下也可采用取水斜井等。此外，我国新疆一带

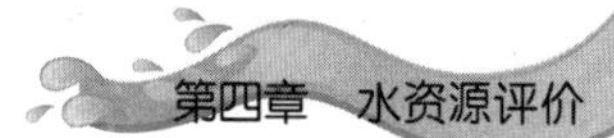

及西北地区的坎儿井和截潜流工程、引泉工程也在实际中得到广泛应用。

（三）水资源开发利用对水环境的影响

1. 水资源过度开发导致生态严重破坏

近半个世纪以来，和平为世界带来了经济大发展的良机。在经济发展的同时，资源及能源消耗空前加大，而随之伴生的是人类活动的规模范围不断扩大，对自然环境的干预能力更大。在水资源开发利用方面，表现为只注重开发利用，很少注意水源涵养，甚至对河流水量“吃光喝净”，从而致使河流断流问题愈加严重，甚至导致外流河成季节性或内陆河。

2. 过度开发地下水引起的水环境问题

以地下水作为主要供水水源的城市，因开采时间、开采深度和开采含水层存在着三个集中，故年地下水采补失衡，多年一直处于超采状态，地下水位持续下降，并伴随着地面沉降，近海城市还有导致海水入侵的严重问题。这些问题均可认为属于环境水文地质问题。

3. 水资源开发管理不力，浪费严重

对水资源开发利用管理不力，体现在对某一流域或地区城市和工业规划布局，城市与农村、工业与农业乃至地表水与地下水，上游与中、下游之间缺乏统一的综合利用规划。如对黄河流域水资源管理缺乏一个统一的、行之有效的管理机构，难以调节、控制上下游之间的用水问题，使全流域各地、各河段目前基本处于无序开发利用状态。虽然早就颁布了各地引黄水量限额，但基本未起到控制作用，使全流域一方面水资源供不应求，供求矛盾十分紧张；另一方面农业用水多以大水漫灌方式为主，工业用水重复利用率不高。

二、水资源各种功能的调查分析

在水资源基础评价中已包括了对评价范围内水资源的各种功能潜势的分析，在此基础上如何提出各种功能的开发程序，则是水资源规划中应考虑的问题。但在这之前，应当结合不同地区、不同河段的特点，并结合有影响范围内的社会、经济情况，对水资源各种功能要求解决的迫切程度进行调查评价，并在此基础上提出开发的轮廓性意见。水资源规划中应考虑：分析评价范围内水资源各种功能潜势（供水、发电、航运、防洪、养殖等），以及各种功能开发顺序，既结合不同地区不同河段的特点，同时又考虑有影响范围内经济、社会、环境情况，对水资源各功能要求解决的迫切程度进行调查评价。

三、水资源开发程度的调查分析

水资源开发程度的调查分析是指对评价区域内已有的各类水工程及措施情况进行调查了解，包括各种类型及功能的水库、塘坝、引水渠首及渠系、水泵站、水厂、水井等，包括其数量和分布。各种功能的开发程度常指其现有的供出能力与其可能提供能力的比值。如供水的开发程度是指当地通过各种取水引水措施可能提供的水量和当地天然水资源总量的比值。水力发电的开发程度是指区域内已建的各种类型水电站的总装机容量和年发电量，与这个区域内可能开发的水电装机容量和可能的水电年发电量之比等。通过调查，了解工程布局的合理性及增建工程的必要性。

四、可利用水量的分析

可利用水量是指在经济合理、技术可行和生态环境容许的前提下，通过各种工程措施可能控制利用的不重复的一次性最大水量。水资源可利用量为水资源合理开发的最大的可利用程度。

可利用水量占天然水资源量的比例不断提高。由于河川径流的年际变化和年内季节变化，加之可利用水量小于河道天然水资源量（河川径流量），在天然情况下有保证的河川可利用水量是很有限的。为了增加河川的可利用水量，人们采用了各种类型的拦水、阻水、滞水、蓄水工程等措施，并且随着人类掌握的技术知识和技术能力的不断提高，可利用水量占天然水资源量的比例也在不断提高。

各河流水文规律不同，其可利用水量的比例也是不同的。洪水水量占全年河川径流流量的比例大，其合理可利用水量占天然水资源量的比例也要小些。在中国，南方的河流如长江、珠江等大河由于水量丰沛，且相对来讲年际变化和年内变化都比北方河流小，在当前社会经济发展阶段，引用水量相对于河川径流量来说所占比例不是太大，其可利用水量还有相当潜力。

按国际惯例，为保护工程下游生态，可利用水量与河川径流量之比例不应超过40%。在进行可利用水量估计时，应当以各河的水文情况为前提，结合河流特点和当前社会经济能力及技术水平来进行，不能一概而论。

第五章 水资源规划

第一节 水资源规划的概述

一、水资源规划的概念

水资源规划是我国水利规划的主要组成部分，对水资源的合理评价、供需分析、优化配置和有效保护具有重要的指导意义。水资源规划的概念是人类长期从事水事活动的产物，是人类在漫长历史过程中在防洪、抗旱、灌溉等一系列的水利活动中逐步形成的，并随着人类生活及生产力的提高而不断发展变化。

美国学者古德曼认为，水资源规划就是在开发利用水资源过程中，对水资源的开发目标及其功能在相互协调的前提下做出总体安排。陈家琦教授等认为，水资源规划是指在统一的方针、任务和目标的约束下，对有关水资源的评价、分配和供需平衡分析及对策，以及方案实施后可能对经济、社会和环境的影响方面而制定的总体安排。左其亭教授等认为，水资源规划是以水资源利用、调配为对象，在一定区域内为开发水资源、防治水患、保护生态环境、提高水资源综合利用效益而制定的总体措施、计划与安排。

二、水资源规划的编制原则

水资源规划是为适应社会和经济发展的需要而制订的对水资源开发利用和保护工作的战略性布局。其作用是协调各用水部门和地区间的用水要求，使有限的可用水资源在不同用户和地区间合理分配，减少用水矛盾，以达到社会、经济和环境效益的优化组合，并充分估计规划中拟订的水资源开发利用可能引发的对生态环境的不利影响，并提出对策，实现水资源可持续利用的目的。

（一）全局统筹，兼顾社会经济发展与生态环境保护的原则

水资源规划是一个系统工程，必须从整体、全局的观点来分析评价水资源系统，以整体最优为目标，避免片面追求某一方面、某一区域作用的水资源规划。水资源规划不仅要有全局统筹的要求，在当前生态环境变化的背景下，还要兼顾社会经济发展与生态环境保护之间的平衡。区域社会经济发展要以不破坏区域生态环境为前提，同时要与水资源承载力和生态环境承载力相适应，在充分考虑生态环境用水需求的前提下，制定合理的国民经济发展的可供水量，最终实现社会经济与生态环境的可持续协调发展。

（二）水资源优化配置原则

从水循环角度分析，考虑水资源利用的供用耗排过程，水资源配置的核心实际是关于流域耗水的分配和平衡。具体来讲，水资源合理配置是指依据社会经济与生态环境可持续发展的需要，以有效、公平和可持续发展的原则，对有限的、不同形式的水资源，通过工程和非工程措施，调节水资源的时空分布等，在社会经济与生态环境用水，以及社会经济构成中各类用水户之间进行科学合理的分配。由于水资源的有限性，在水资源分配利用中存在供需矛盾，如各类用水户竞争、流域协调、经济与生态环境用水效益、当前用水与未来用水等一系列的复杂关系。水资源的优化配置就是要在上述一系列复杂关系中寻求一个各个方面都可接受的水资源分配方案。一般而言，要以实现总体效益最大为目标，避免对某一个体的效益或利益的片面追求。而优化配置则是人们在寻找合理配置方案中所利用的方法和手段。

（三）可持续发展原则

从传统发展模式向可持续发展模式转变，必然要求传统发展模式下的水利工作方针向可持续发展模式下的水利工作方针实现相应的转变。因此，水资源规划的指导思想，要从传统的偏于对自然规律和工程规律的认识，向更多认识经济规律和管理作用过渡；从注重单一工程的建设，向发挥工程系统的整体作用并注意水资源的整体性努力；从以工程措施为主，逐步转向工程措施与非工程措施并重；由主要依靠外延增加供水，逐步向提高利用效率和挖潜配套改造等内涵发展方式过渡；从单纯注重经济用水，逐步转向社会经济用水与生态环境用水并重；从单纯依靠工程手段进行资源配置，向更多依靠经济、法律、管理手段逐步过渡。

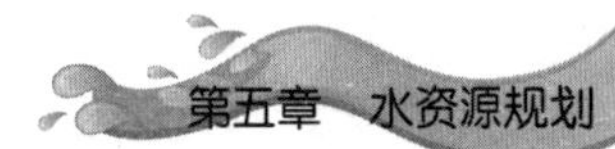

（四）系统分析和综合利用原则

水资源规划涉及多个方面、多个部门及众多行业，同时在各用水户竞争、水资源时空分布、优化配置等一系列的复杂关系中很难实现水资源供需完全平衡。这就需要在制订水资源规划时，既要对问题进行系统分析，又要采取综合措施，开源与节流并举，最大可能地满足各方面的需求，让有限的水资源创造更多的效益，实现其效用价值的最大化。同时进行水资源的再循环利用，提高污水的处理率，实现污水再处理后用于清洗、绿化灌溉等领域。

三、水资源规划的指导思想

第一，水资源规划需要综合考虑社会效益、经济效益和环境效益，确保社会经济发展与水资源利用、生态环境保护相协调；第二，需要考虑水资源的可承载能力或可再生性，使水资源利用在可持续利用的允许范围内，确保当代人与后代人之间的协调；第三，需要考虑水资源规划的实施与社会经济发展水平相适应，确保水资源规划方案在现有条件下是可行的；第四，需要从区域或流域整体的角度来看待问题，考虑流域上下游及不同区域用水间的平衡，确保区域社会经济持续协调发展；第五，需要与社会经济发展密切结合，注重全社会公众的广泛参与，注重从社会发展根源上来寻找解决水问题的途径，也配合采取一些经济手段，确保“人”与“自然”的协调。

四、水资源规划的内容与任务

（一）水资源规划的内容

水资源规划涉及面比较广，涉及的内容包括水文学、水资源学、经济学、管理学、生态学、地理学等众多学科，涉及区域内一切与水资源有关的相关部分，以及工农业生产活动，如何制订合理的水资源规划方案，协调满足各行业及各类水资源使用者的利益，是水资源规划要解决的关键性基础问题，也是衡量水资源规划科学合理性的标准。

水资源规划的主要内容包括：①水资源量与质的计算与评估、水资源功能的划分与协调；②水资源的供需平衡分析与水量优化配置；③水环境保护与灾害防治规划及相应的水利工程规划方案设计及论证等。

水资源规划的核心问题，是水资源合理配置，即水资源与其他自然资源、生态环境及经济社会发展的优化配置，达到效用的最大化。

（二）水资源规划的任务

水资源系统规划是从系统整体出发，依据系统范围内的社会发展和国民经济部门用水的需求，制定流域或地区的水资源开发和河流治理的总体策划工作。其基本任务就是根据国家或地区的社会经济发展现状及计划，在满足生态环境保护及国民经济各部门发展对水资源需求的前提下，针对区域内水资源条件及特点，按预定的规划目标，制订区域水资源的开发利用方案，提出具体的工程开发方案及开发次序方案等。区域水资源规划的制订不仅要考虑区域社会经济发展的要求，同时区域水资源条件和规划的制订对区域国民经济发展速度、结构、模式，生态环境保护标准等都具有一定的约束。区域水资源规划成果也对区域制定各项水利工程设施建设提供了依据。

水资源规划的具体任务是：①评价区域内水资源开发利用现状；②分析流域或区域条件和特点；③预测经济社会发展趋势与用水前景；④探索规划区内水与宏观经济活动间的相互关系，并根据国家建设方针政策和规定的目标要求，拟定区域在一定时间内应采取的方针、任务，提出主要措施方向、关键工程布局、水资源合理配置、水资源保护对策，以及实施步骤和对区域水资源管理的意见等。

五、水资源规划的类型

水资源系统规划根据不同范围和要求，主要分为以下四种类型：

（一）江河流域水资源规划

江河流域水资源规划的对象是整个江河流域。它包括大型江河流域的水资源规划和中小型河流流域的水资源规划。其研究区域一般是按照地表水系空间地理位置划分的，以流域分水岭为系统边界的水资源系统。内容涉及国民经济发展、地区开发、自然资源与环境保护、社会福利及其他与水资源有关的问题。

（二）跨流域水资源规划

它是以一个以上的流域为对象，以跨流域调水为目标的水资源规划。跨流域调水涉及多个流域的社会经济发展、水资源利用和生态环境保护等问题。因此，规划中考虑的问题要比单个流域水资源规划更加广泛、复杂，需要探讨水资源分配可能对各个流域带来的社会经济影响。

（三）地区水资源规划

地区水资源规划一般是以行政区域或经济区、工程影响区为对象的水资源系统规划。研究内容基本与流域水资源规划相近，规划的重点因具体的区域和水资源功能的不同而有所侧重。

（四）专门水资源规划

专门水资源规划是以流域或地区某一专门任务为对象或某一行业所做的水资源规划。如防洪规划、水力发电规划、灌溉规划、水资源保护规划、航运规划及重大水利工程规划等。

六、水资源规划的一般程序

水资源规划的步骤，因研究区域、水资源功能侧重点的不同、所属行业的不同及规划目标的差异而有所区别。但基本程序步骤一致，概括起来主要有以下六个步骤：

（一）现场勘探，收集资料

现场勘探，收集资料是最重要的基础工作。基础资料掌握的情况越详细、越具体，越有利于规划工作的顺利进行。水资源规划需要收集的基础数据，主要包括相关的社会经济发展资料、水文气象资料、地质资料、水资源开发利用资料及地形资料等。资料的精度和详细程度主要是根据规划工作所采用的方法和规划目标要求决定的。

（二）整理资料，分析问题，确定规划目标

对资料进行整理，包括资料的归并、分类、可靠性检查及资料的合理插补等。通过整理、分析资料，明确规划区内的问题和开发要求，选定规划目标，作为制订规划方案的依据。

（三）水资源评价及供需分析

水资源评价的内容包括规划区水文要素的规律研究和降水量、地表水资源量、地下水资源量及水资源总量的计算。在进行水资源评价之后，需要进一步对水资源供需关系进行分析。其实质是针对不同时期的需水量，计算相应的水资源工程可供水量，进而分析需水的供应满足程度。

（四）拟订和选定规划方案

根据规划问题和目标，拟订若干规划方案，进行系统分析。方案是在前面工作基础之上，根据规划目标、要求和资源的情况，人为拟订的。方案的选择要尽可能地反映各方面的意见和需求，防止片面的规划方案。优选方案是通过建立数学模型，采用计算机模拟技术，对拟选方案进行检验评价。

（五）实施的具体措施及综合评价

根据优选方案得到的规划方案，制定相应的具体措施，并进行社会、经济和环境等多准则综合评价，最终确定水资源规划方案。方案实施后，对国民经济、社会发展、生态与环境保护均会产生不同程度的影响，通过综合评价法，多方面、多指标进行综合分析，全面权衡利弊得失，最后确定方案。

（六）成果审查与实施

成果审查是把规划成果按程序上报，通过一定程序审查。如果审查通过，进入规划安排实施阶段；如果提出修改意见，就要进一步修改。

水资源规划是一项复杂、涉及面广的系统工程，在规划实际制订过程中很难一次性完成让各个部门和个人都满意的规划。规划需要经过多次的反馈、协调，直至各个部门对规划成果都较满意为止。此外，由于外部条件的改变及人们对水资源规划认识的深入，要对规划方案进行适当的修改、补充和完善。

七、水资源规划的基础理论

水资源规划涉及面广，问题往往比较复杂，不仅涉及自然科学领域知识，如水资源学、生态学、环境学等众多学科，以及水利工程建设等工程技术领域，同时还涉及经济学、社会学、管理学等社会科学领域。因此，水资源规划是建立在自然科学和社会科学两大基础之上的综合应用学科。水资源规划简化为三个层次的权衡。①哲学层次：基本价值观问题，如何看待自然状态下的水资源价值、生态环境价值，以及以人类自身利益为标准的水资源价值、生态环境价值，两者之间权衡的问题等。②经济学层次：识别各类规划活动的边际成本，确定水利活动的社会效益、经济效益及生态环境效益。③工程学层次：认识自然规律、工程规律和管理规律，通过工程措施和非工程措施保证规划预期实现。

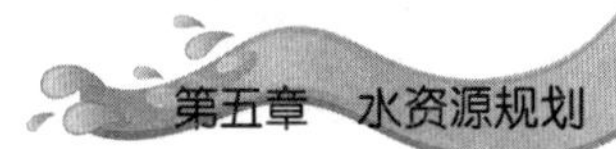

（一）水资源学基础

水资源学是水资源规划的基础，是研究地球水资源形成、循环、演化过程规律的科学。随着水资源科学的不断发展完善，在其成长过程中，其主要研究对象可以归结为三个方面：研究自然界水资源的形成、演化、运动的机理，水资源在地球上的空间分布及其变化的规律，以及在不同区域上的数量；研究在人类社会及其经济发展中为满足对水资源的需要而开发利用水资源的科学途径；研究在人类开发利用水资源过程中引起的环境变化，以及水循环自身变化对自然水资源规律的影响，探求在变化环境中如何保持水资源的可持续利用途径等。从水资源学的三个主要研究内容就可以看出，水资源学本身的研究内容涉及众多相关领域的基础科学，如水文学、水力学、水动力学等。以水的三相转化及全球、区域水循环过程为基础，通过对水循环过程的深入研究，实现水资源规划的优化提高。

（二）经济学基础

水资源规划的经济学基础主要表现在两方面：一方面是水资源规划作为具体工程与管理项目本身对经济与财务核算的需要；另一方面是水资源规划作为区域国民宏观经济规划的重要组成部分，需要在国家经济体制条件下在国家政府层面进行宏观经济分析。在微观层面，水利工程项目的建设，需要进行投资效益、益本比、内部回收率及边际成本等分析，具体工程的投资建设都需要进行工程投资财务核算，要求达到工程建设实施的财务计算净盈利。在宏观层面，仅以市场经济学的价值规律作为水资源规划的基础，必然使水资源的社会价值、生态环境效益、生态服务效益得不到充分的体现。因此，水资源规划既要在微观层面考虑具体水利工程的收益问题，更要考虑区域宏观经济可持续发展的需要。根据社会净福利最大和边际成本替代两个准则确定合理的水资源供需平衡水平，二者间的平衡水平应以更大范围内的全社会总代价最小为准则（社会净福利最大），为区域国民经济发展提供合理、科学、持续的水资源保障。

（三）工程技术基础

水资源的开发利用模式多种多样，涉及社会经济的各个方面，因此与之相关的科学基础均可看作是水资源规划的学科基础，如工程力学、结构力学、材料力学、水能利用学、水工建筑物学、农田水利、给排水工程学、水利经济学等，也包括有关的应用基础科学，如水文学、水力学、工程力学、土力学、岩石力学、河流动力学、工程地质学等，还包括现代信息科学，如计算机技术、通信、网络、遥感、自动控制等。此外，还涉及相关的地球科学，如气象学、地质学、地理学、测绘学、农学、林学、生态学、管理学等学科。

（四）环境工程、环境科学基础

水资源规划中涉及的“环境”是一个广义的环境，包括环境保护意义下的环境，即环境的污染问题；另一个是生态环境，即普遍性的生态环境问题。水资源的开发利用不可避免地会影响到自然生态环境中水循环的改变，引起水环境、水化学性质、水生态等诸多方面发生相应的改变。从自然规律看，各种自然地理要素作用下形成的流域水循环，是流域复合生态系统的主要控制性因素，对人为产生的物理与化学干扰极为敏感。流域的水循环规律改变可能引起在资源、环境、生态方面的一系列不利效应：流域产流机制改变，在同等降水条件下，水资源总量会发生相应的改变；径流减少则导致河床泥沙淤积规律改变，在多沙河流上泥沙淤积又使河床抬高、河势重塑；径流减少还导致水环境容量减少而水质等级降低等。

第二节　水资源供需平衡分析

水资源供需平衡分析就是在综合考虑社会、经济、环境和水资源的相互关系基础上，分析不同发展时期、各种规划方案的水资源供需状况。水资源供需平衡分析就是采取各种措施使水资源供水量与需水量处于平衡状态。水资源供需平衡的基本思想就是“开源节流”。开源就是增加水源，包括各类新的水源、海水利用、非常规水资源的开发利用、虚拟水等；节流就是通过各种手段抑制水资源的需求，包括通过技术手段提高水资源利用率和利用效率，如进行产业结构调整、改革管理制度等。

一、需求预测分析

需水预测是水资源长期规划的基础，也是水资源管理的重要依据。区域或流域的需水预测是制订区域未来发展规划的重要参考依据。需水预测是水资源供需平衡分析的重要环节。需水预测与供水预测及供需分析有密切的联系，需水预测要根据供需分析反馈的结果，对需水方案及预测成果进行反复和互动式的调整。

需水预测是在现状用水调查与用水水平分析的基础上，依据水资源高效利用和统筹安排生活、生产、生态用水的原则，根据经济社会发展趋势的预测成果，进行不同水平年、不同保证率和不同方案的需水量预测。需水量预测是一个动态预测过程，与利用效率、节约用水及水资源配置不断循环反馈，同时需水量变化与社会经济发展速度、结构、模式、工农业生产布局等诸多因素相关。如我国改革开放后，社会经济的迅速发展，人口的增长，城市化进程加速及生活水平的提高，都导致了我国水资源需求量的急剧增长。

（一）需水预测原则

需水预测应以各地不同水平年的社会经济发展指标为依据，有条件时应以投入产出表为基础建立宏观经济模型。从人口与经济驱动增长的两大因素入手，结合具体的水资源状况、水利工程条件及过去长期多年来各部门需水量增长的实际过程，分析其发展趋势，采用多种方法进行计算比对，并论证所采用的指标和数据的合理性。需水预测应着重分析评价各项用水定额的变化特点、用水结构和用水量的变化趋势，并分析计算各项耗水量的指标。

此外，预测中应遵循以下主要原则：①以各规划水平年社会经济发展指标为依据，贯彻可持续发展的原则，统筹兼顾社会、经济、生态、环境等各部门发展对需水的要求；②全面贯彻节水方针，研究节水措施推广对需水的影响；③研究工、农业结构变化和工艺改革对需水的影响；④需水预测要符合区域特点和用水习惯。

（二）需水预测内容

按照水资源的用途和对象，可将需水类型分为生产需水、生活需水和生态环境需水，其中，生产需水包括第一产业需水（农业需水）和第二产业需水（主要指工业需水）。

1. 工业需水

工业需水是指在整个工业生产过程中所需水量，包括制造、加工、冷却、空调、净化、洗涤等各方面用水。一个地区的工业需水量大小，与该地区的产业结构、行业生产性质及产品结构、用水效率，企业生产规模、生产工艺、生产设备及技术水平、用水管理与水价水平、自然因素与取水条件有关。

2. 农业需水

农业需水是指农业生产过程中所需水量，按产业类型又可细化为种植业、林业、牧业、渔业。农业需水量与灌溉面积、方式、作物构成、田间配套、灌溉方式、渠系渗漏、有效降雨、土壤性质和管理水平等因素密切相关。

3. 生活需水

生活需水包括居民用水和公共用水两部分，根据地域又可分为城市生活用水和农村生活用水。居民生活用水是指居民维持日常生活的家庭和个人用水，包括饮用、洗涤等用水；公共用水包括机关办公、商业、服务业、医疗、文化体育、学校等设施用水，以及市政用水（绿化、道路清洁）。一个地区的生活用水与该地区的人均收入水平、水价水平、节水器具推广与普及情况、生活用水习惯、城市规划、供水条件和现状用水水平等多方面因素有关。

4. 生态环境需水

生态环境需水是维持生态系统最基本的生存条件及最基本的生态服务价值功能所需要的水量，包括森林、草地等天然生态系统用水，湿地、绿洲保护需水，维持河道基流用水等。它与区域的气候、植被、土壤等自然因素和水资源条件、开发程度、环境意识等多种因素有关。

（三）需水预测方法

1. 指标量值的预测方法

按照是否采用统计方法分为统计方法与非统计方法；按预测时期长短分为即期预测、短期预测、中期预测和长期预测；按是否采用数学模型方法分为定量预测法和定性预测法。常用的定量预测方法有趋势外推法、多元回归法和经济计量模型。

（1）趋势外推法

根据预测指标时间序列数据的趋势变化规律建立模型，并用以推断未来值。这种方法从时间序列的总体进行考察，体现出各种影响因素的综合作用，当预测指标的影响因素错综复杂或有关数据无法得到时，可直接选用时间 t 作为自变量，综合替代各种影响因素，建立时间序列模型，对未来的发展变化做出大致的判断和估计。该方法只需要预测指标历年的数据资料，工作量较小，应用也较方便。该方法根据原理的不同又可分为多种方法，如平均增减趋势预测、周期叠加外延预测（随机理论）与灰色预测等。

（2）多元回归法

该方法通过建立预测指标（因变量）与多个主相关变量的因果关系来推断指标的未来值，所采用的回归方程为单一方程。它的优点是能简单定量地表示因变量与多个自变量间的关系，只要知道各自变量的数值就可简单地计算出因变量的大小，方法简单，应用也比较多。

（3）经济计量模型

该模型不是一个简单的回归方程，而是两个或多个回归方程组成的回归方程组。这种方法揭示了多种因素相互之间的复杂关系，因而对实际情况的描述更加准确。

2. 用水定额的预测方法

通常情况下，需要预测的用水定额有各行业的净用水定额和毛用水定额，可采用定量

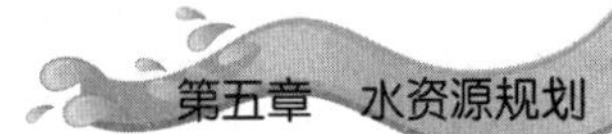

预测法，包括趋势外推法、多元回归法与参考对比取值法等。其中参考对比取值法可以结合节水分析成果，考虑产业结构及其布局调整的影响，并可参考有关省市相关部门和行业制定的用水定额标准，再经综合分析后确定用水定额，故该方法较为常用。

二、供给预测分析

供水预测是在规划分区内，对现有供水设施的工程布局、供水能力、运行状况，以及水资源开发程度与存在问题等综合调查分析的基础上，进行水资源开发利用前景和潜力分析，以及不同水平年、不同保证率的可供水量预测。

可供水量包括地表水可供水量、浅层地下水可供水量、其他水源可供水量。可供水量估算要充分考虑技术经济因素、水质状况、对生态环境的影响及开发不同水源的有利和不利条件，预测不同水资源开发利用模式下可能的供水量，并进行技术经济比较，拟订供水方案。在供水预测中，新增水源工程包括现有工程的挖潜配套、新建水源、污水处理回用、雨水利用工程等。

（一）相关概念的界定

供水能力是指区域供水系统能够提供给用户的供水量大小。它主要反映了区域内所有供水工程组成的供水系统，依据系统的来水条件、工程状况、需水要求及相应的运行调度方式和规则，提供给用户不同保证率下的供水量大小。

可供水量是指在不同水平年、不同保证率情况下，通过各项工程设施，在合理开发利用的前提下，可提供的能满足一定水质要求的水量。可供水量的概念包括以下内容：可供水量并不是实际供水量，而是通过对不同保证率情况下的水资源供需情况进行分析计算后，得出的“可能”提供的水量；可供水量既要考虑到当前情况下工程的供水能力，又要对未来经济发展水平下的供水情况进行预测；可供水量计算时，要考虑丰、平、枯不同来水情况下，工程能提供的水量；可供水量是通过工程设施为用户提供的，没有通过工程设施而为用户利用的水量不能算作可供水量；可供水量的水质必须达到一定的使用标准。

可供水量与可利用量的区别：水资源可利用量与可供水量是两个不同的概念。一般情况下，由于兴建供水工程的实际供水能力同水资源丰、平、枯水量在时间分配上存在矛盾，这大大降低了水资源的利用水平，所以可供水量总是小于可利用量。现状条件下的可供水量是根据用水需要能提供的水量，它是水资源开发利用程度和能力的现实状况，并不能代表水资源的可利用量。

（二）影响可供水量的因素

1. 来水特点

受季风影响，我国大部分地区水资源的年际、年内变化较大，存在“南多北少”的现象。南方地区，最大年径流量与最小年径流量的比值为 2~4，汛期径流量占年总径流量的 60%~70%。北方地区，最大年径流量与最小年径流量的比值为 3~8，干旱地区甚至超过 100 倍，汛期径流量占年总径流量的 80%以上。可供水量的计算与年来水量及其年内变化有着密切的关系，年际间及年内不同时间和空间上的来水变化都会影响可供水量的计算结果。

2. 供水工程

我国水资源年际、年内变化较大，同时与用水需求的变化不匹配。因此，需要建设各类供水工程来调节天然水资源的时空分布，蓄丰补枯，以满足用户的需水要求。供水量总是与供水工程相联系，各类供水工程的改变，如工程参数的变化、不同的调度方案及不同发展时期新增水源工程等情况，都会使计算的可供水量有所不同。

3. 用水条件及水质状况

不同规划水平年的用水结构、用水要求、用水分布与用水规模等特性，以及节约用水、合理用水、水资源利用效率的变化，都会导致计算出的可供水量不同。不同用水条件之间也相互影响、制约，如河道生态用水有时会影响到河道外直接用水户的可供水量。此外，不同规划水平年供水水源的水质状况、水源的污染程度等都会影响可供水量的大小。

（三）可供水量计算的方法

1. 地表水可供水量计算

地表水可供水量大小取决于地表水的可引水量和工程的引提水能力。假如地表水有足够的可引用量，但引提水工程能力不足，则其可供水量也不大；相反，假如地表水可引水量小，再大能力的引提水工程也不能保证有足够的可供水量。地表水可供水量的计算公式为：

$$W_{地表可供} = \sum_{i=1}^{t} \min(Q_i, Y_i)$$

式中：Q_i、Y_i ——分别为 i 段满足水质要求的可引水量、工程的引提水能力；

t ——计算时段数。

地表水的可引水量 Q_i 应不大于地表水的可利用量。

可供水量预测，应预计工程状况在不同规划水平年的变化情况，应充分考虑工程老化失修、泥沙淤积、地表水水位下降等原因造成的实际供水能力的减少。

2. 地下水可供水量计算

地下水规划供水量以其相应水平年可开采量为极限，在地下水超采地区要采取措施减少开采量使其与可开采量接近，在规划中不应大于基准年的开采量；在未超采地区可以根据现有工程和新建工程的供水能力确定规划供水量。地下水可供水量采用下式计算：

$$W_{\text{地下可供}} = \sum_{i=1}^{t} \min(Q_i, W_i, X_i)$$

式中：X_i ——第 i 时段需水量，m^3；

W_i ——第 i 时段当地地下水开采量，m^3；

Q_i ——第 i 时段机井提水量，m^3；

t ——计算时段数。

（四）其他水源的可供水量

在一定条件下，雨水集蓄利用、污水处理利用、海水、深层地下水、跨流域调水等都可作为供水水源，参与到水资源供需分析中。

雨水集蓄利用主要指收集储存屋顶、场院、道路等场所的降雨或径流的微型蓄水工程，包括水窖、水池、水柜、水塘等。通过调查、分析现有集雨工程的供水量及对当地河川径流的影响，提出各地区不同水平年集雨工程的可供水量。

微咸水（矿化度 2~3g/L）一般可补充农业灌溉用水，某些地区矿化度超过 3g/L 的咸水也可与淡水混合利用。通过对微咸水的分布及其可利用地域范围和需求的调查分析，综合评价微咸水的开发利用潜力，提出各地区不同水平年微咸水的可利用量。

城市污水经集中处理后，在满足一定水质要求的情况下，可用于农田灌溉及生态环境用水。对缺水较严重的城市，污水处理再利用对象可扩及水质要求不高的工业冷却用水，以及改善生态环境和市政用水，如城市绿化、冲洗道路、河湖补水等。①污水处理再利用于农田灌溉，要通过调查，分析再利用水量的需求、时间要求和使用范围，落实再利用水的数量和用途。部分地区存在直接引用污水灌溉的现象，在供水预测中，不能将未经处理、未达到水质要求的污水量计入可供水量中。②有些污水处理再利用需要新建供水管路和管网设施，实行分质供水，有些需要建设深度处理或特殊污水处理厂，以满足特殊用户对水质的目标要求。③估算污水处理后的入河排污水量，分析对改善河道水质的作用。④调查分析污水处理再利用现状及存在的问题，落实用户对再利用的需求，制订各规划水平年再利用方案。

海水利用包括海水淡化和海水直接利用两种方式。对沿海城市海水利用现状情况进行调查。海水淡化和海水直接利用要分别统计，其中海水直接利用量要求折算成淡水替代量。

严格控制深层承压水的开采。深层承压水利用应详细分析其分布、补给和循环规律，做出深层承压水的可开发利用潜力综合评价。在严格控制不超过其可开采数量和范围的基础上，提出各规划水平年深层承压水的可供水量计算成果。

跨流域、跨省的调水工程的水资源配置，应由流域管理机构和上级主管部门负责协调。跨流域调水工程的水量分配原则上按已有的分水协议执行，也可与规划调水工程一样采用水资源系统模型方法计算出更优的分水方案，在征求有关部门和单位意见后采用。

三、水资源供需平衡的内容

（一）概念及内容

水资源供需平衡分析是指在综合考虑社会、经济、环境和水资源的相互关系基础上，分析不同发展时期、各种规划方案的水资源供需状况。水资源供需平衡分析就是采取各种措施使水资源供水量和需水量处于平衡状态。

水资源供需平衡分析的核心思想就是开源节流。一方面，增加水源，包括开辟各类新的水源，如海水利用；另一方面，就是减少用水需求，通过各种手段减少对水资源的需求，如提高水资源利用效率、改革管理机制等。

水资源供需分析以流域或区域的水量平衡为基本原理，对流域或区域内的水资源的供用、耗、排等进行长系列的调算或典型年分析，得出不同水平年各流域的相关指标。供需分析计算一般采取 2~3 次供需分析方法。

水资源供需分析的内容包括：①分析水资源供需现状，查找当前存在的各类水问题；②针对不同水平年，进行水资源供需状况分析，寻求在将来实现水资源供需平衡的目标和问题；③最终找出实现水资源可持续利用的方法和措施。

（二）基本原则与要求

水资源供需分析是在现状供需分析的基础上，分析规划水平年各种合理抑制需求、有效增加供水、积极保护生态环境的可能措施（包括工程措施与非工程措施），组合成规划水平年的多种方案，结合需水预测与供水预测，进行规划水平年各种组合方案的供需水量平衡分析，并对这些方案进行评价与比选，提出推荐方案。

水资源供需分析应在多次供需反馈和协调平衡的基础上进行。一般进行两至三次平衡分析，一次平衡分析是考虑人口的自然增长、经济的发展、城市化程度和人民生活水平的提高，在现状水资源开发利用格局和发挥现有供水工程潜力情况下的水资源供需分析；若一次平衡有缺口，则在此基础上进行第二次平衡分析，在进一步强化节水、治污与污水处理回用、挖潜等工程措施，以及合理提高水价、调整产业结构、合理抑制需求和改善生态环境等措施的基础上进行水资源供需分析；若第二次平衡仍有较大缺口，应进一步加大调整经济布局和产业结构及节水的力度，具有跨流域调水可能的，应增加外流域调水，进行第三次供需平衡分析。

选择经济、社会、环境、技术方面的指标，对不同组合方案进行分析、比较和综合评价。评价各种方案对合理抑制需求、有效增加供水和保护生态环境的作用与效果，以及相应的投入和代价。

水资源供需分析要满足不同用户对水量和水质的要求。根据不同水源的水质状况，安排不同水质要求用户的供水。水质不能满足要求者，其水量不能列入供水方案中参加供需平衡分析。

（三）平衡计算方法

进行水资源供需平衡计算时采用以下公式：

可供水量-需水量-损失的水量=余水（缺水量）

在进行水资源供需平衡计算时，首先，要进行水资源平衡计算区域的划分，一般采用分流域、分地区进行划分计算。在流域或省级行政区内以计算分区进行，在分区时城镇与乡村要单独划分，并对建制市城市进行单独计算。其次，要进行平衡计算时段的划分，计算时段可以采用月或旬。一般采用长系列月调节计算方法，能正确反映计算区域水资源供需的特点和规律。主要水利工程、控制节点、计算分区的月流量系列应根据水资源调查评价和供水量预测分析的结果进行分析计算。

在供需平衡计算出现余水时，即可供水量大于需水量时，如果蓄水工程尚未蓄满，余水可以在蓄水工程中滞留，把余水作为调蓄水量参加下一时段的供需平衡；如果蓄水工程已经蓄满水，则余水可以作为下游计算分区的入境水量，参加下游分区的供需平衡计算；可以通过减少供水（增加需水）来实现平衡。

在供需平衡计算出现缺水时，即可供水量小于需水量时，要根据需水方反馈信息要求的供水增加量与需水调整的可能性与合理性，进行综合分析及合理调整。在条件允许的前提下，可以通过减少用水方的用水量（主要通过提高用水效率来实现），或者通过从外流域调水实现供需水的平衡。

总的原则是不留供需缺口，在出现不平衡的情况下，可以按以上意见进行两次、三次水资源供需平衡以达到平衡的目的。

（四）解决供需平衡矛盾的主要措施

水资源供需平衡矛盾的解决，应从供给与需求两方面入手，即供需平衡分析的核心思想“开源节流”，增加供给量，减少需求量。

1. 建设节约型社会，促进水资源的可持续利用

节约型社会是一种全新的社会发展模式。建设节约型社会不仅是由我国的基本国情决定的，更是实现可持续发展战略的要求。节约型社会是解决我国地区性缺水问题的战略性对策，须在水资源可持续利用的前提下，因地制宜地建立起全国各地节水型的城市与工农业系统，尤其是用水大户的工农业生产系统，改进农业灌溉技术、推广农业节水技术，提高农业水资源利用效率，也是搞好农业节水的关键；在工业生产中，加快对现有经济和产业的结构调整，加快对现有生产工艺的改进，提高水资源的循环利用效率，完善企业节水管理，促进企业向高效利用节水型转变。此外，增加国民经济中水源工程建设与供水设施的投资比例，进一步控制洪水，预防干旱，提高水资源的利用效率，控制和治理水污染，发挥工程管理内涵的作用。

建设节约型社会是调整治水，实现人与自然和谐可持续发展的重要措施。一要突出抓好节水法规的制定；二要启动节水型社会建设的试点工作，试点先行，逐步推进；三要以水权市场理论为指导，充分发挥市场配置水资源的基础作用，积极探索运用市场机制，建立用水户主动自愿节水意识及行为的建设。

2. 加强水资源的权属管理

水资源的权属包括水资源的所有权和使用权两方面。水资源的权属管理相应地包括水资源的所有权管理和水资源的使用权管理。水资源在国民经济和社会生活中具有重要的地位，具有公共资源的特性，应强化政府对水资源的调控和管理。长期以来，由于各种原因，低价使用水资源造成了水资源的大量浪费，使水资源处于一种无序状态。随着水资源需求量的迅猛增长，水资源供需矛盾尖锐，加强对水资源权属进行管理迫在眉睫，如现行的取水许可制度。

3. 采取经济手段调控水资源供需矛盾

水价是调节用水量的一个强有力的经济杠杆，是最有效的节水措施之一。水价格的变

化关系到每一个家庭、每个用水企业、每个单位的经费支出，是他们经济核算的指标。如果水价按市场经济的价格规律运作，按供水成本、市场的供需矛盾决定水价，水价必定会提高，水价提高，用水大户势必因用水成本升高，趋于对自身利益最优化的要求而进行节约用水，达到节水的目的。科学的水资源价值体系及合理的水价，能够使各方面的利益得到协调，促进水资源配置处于最优化状态。

4. 加强南水北调与发展多途径开源

中国水资源时空分布极其不均，南方水多地少，北方水少地多。通过对水资源的调配，缩小地区上水分布差异，是具有长远性的战略，是缓解我国水资源时空分布不均衡的根本措施。开源的内容包括增加调蓄和提高水资源利用率，挖掘现有水利工程供水能力，调配及扩大新的水源等。控制洪水，增加水源调蓄水利工程兴建的主要任务是发电和防洪。因此，对已建的大中型水库增加其汛期与丰水年来水的调蓄量，进行科学合理的水库调度十分重要。增加河道基流及地下水的合理利用，发展集雨、海水及微咸水利用等。

第三节　水资源规划的制订

一、规划方案制订的一般步骤

（一）基本要求

第一，依据水资源配置提出的推荐方案，统筹考虑水资源的开发、利用、治理、配置、节约和保护，研究提出水资源开发利用总体布局、实施方案与管理方式，总体布局要求工程措施与非工程措施紧密结合。第二，制定总体布局要根据不同地区自然特点和经济社会发展目标要求，努力提高用水效率，合理利用地表水与地下水资源；有效保护水资源，积极治理，利用废污水、微咸水和海水等其他水源；统筹考虑开源、节流、治污的工程措施。在充分发挥现有工程效益的基础上，兴建综合利用的骨干水利枢纽，增强和提高水资源开发利用程度与调控能力。第三，水资源总体布局要与国土整治、防洪减灾、生态环境保护与建设相协调，与有关规划相互衔接。第四，实施方案要统筹考虑投资规模、资金来源与发展机制等，做到协调可行。

（二）水资源规划决策的一般步骤

水资源规划是一个系统分析过程，也是一个宏观决策过程，同一般问题的决策程序一样，具有五个主要的内容，即问题的提出、目标选定、制定对策、方案比选和方案决策。

1. 问题的提出

水资源规划中问题的提出，实际上是对规划区域水资源问题的诊断，这就要求规划者弄清楚水资源工程的实际问题：问题的由来及背景；问题的性质；问题的条件；收集资料、数据的情况。

2. 目标选定

正确提出问题后，就可以开始解决问题。目标选定就是要拟定一个解决问题的宏观策略，提出解决问题的方向。目标的选定通常是由决策者决定的，往往由规划者具体提出。在大多数情况下，决策者很难用清晰、周密的语言描述他们的真正目标，而规划者又很难站在决策者的高度提出解决方案。即使决策者在开始分析阶段就能明确地提出目标，规划者也不能不加分析地加以应用，而要分析目标的层次结构，选择适当的目标。如何适当地选定目标，还需要规划者根据决策者的意愿，进行综合分析并结合实际经验，才能正确选定。

3. 制定对策

制定对策就是针对问题的具体条件和规划的期望目标而制定解决问题、实现目标的对策。水资源规划中，为使规划决策定量化，一般都从决策问题的系统设计开始，建立针对决策问题的模型。模型一般分为物理模型和数学模型两大类，其中，数学模型又可分为优化模型和模拟模型两种。不同的问题选定与其相适应的模型类型。

4. 方案比选

在模型建立后，根据实测或人工生成的水文系列作为输入，在计算机上对各用水部门的供需过程进行对比，求出若干可行方案的相应效益，通过对主次目标的评价，筛选出若干可行方案，并提供给决策者评价。决策者则可根据自己的经验和意愿，对系统分析的成果进行对比分析，在总体权衡利弊得失后，进行决策。

5. 方案决策及其检验

决策是对一种或几种值得采用的或可供进一步参考的方案进行选定；在通过初选方案后，还须对入选方案获得的结论做进一步检验，即方案在通过正确性检验后才能进入实施阶段。

6. 规划实施

根据决策制订出的具体行动计划，亦即将最后选定的规划方案在系统内有计划地具体实施。如果在工程实施中遇到的新问题不多，可对方案略加调整后继续实施，直到完成整个计划。如果在方案实施过程中遇到的新问题较多，就要返回到前面相应步骤中，重新进行计算。以上仅是逻辑过程，并不是很严格，且在运算过程中须进行不断反馈。

二、规划方案的工作流程

水资源综合规划的工作流程如下：第一，视研究范围的大小，先按研究范围的流域进行组织；第二，流域机构按照各自的职责范围，组织本流域内各分区一起开展流域规划编制，在各分区反复协调的基础上，形成流域或区域规划初步成果；第三，在流域或区域规划初步成果基础上，进行研究范围总体汇总，在上下多次成果协调的基础上形成总体性的水资源综合规划；第四，在总体规划的指导下，完成流域水资源综合规划；第五，在流域或区域规划指导下，完成区域水资源综合规划；第六，规划成果的总协调。

总之，流域规划在整个规划过程中起到承上启下的关键性作用，规划工作的关键在于流域规划。

三、规划方案的实施及评价

（一）规划方案的实施

水资源规划的实施，即根据水资源规划方案决策及工程优化开发程序进行水资源工程的建设阶段或管理工程的实施阶段。工程建成后，按照所确定的优化调度方案，进行实时调度运行。

（二）规划实施效果评价

1. 基本要求

①综合评估规划推荐方案实施后可达到的经济、社会、生态环境的预期效果及效益；②对各类规划措施的投资规模和效果进行分析；③识别对规划实施效果影响较大的主要因素，并提出相应的对策。

2. 评价内容

规划实施效果评价按下列三个层次进行：

第一层次，评价规划实施后建立的水资源安全供给保障系统与经济社会发展和生态环境保护的协调程度，主要包括：①规划实施后水资源开发利用与经济社会发展之间的协调程度；②规划实施后水资源节约、保护与生态保护及环境建设的协调程度；③规划实施后所产生的宏观社会效益、经济效益和生态环境效益。

第二层次，评价规划实施后水资源系统的总体效果，主要包括：①规划实施后对提高供水和生态与环境安全的效果，以及对提高水资源承载能力的效果；②规划实施后对水资源配置格局的改善程度，包括水资源供给数量、质量和时空分布的配置与经济社会发展适应和协调程度等；③规划实施后对缓解重点缺水地区和城市水资源紧缺状况和改善生态环境的效果；④规划实施后流域、区域及城市供用水系统的保障程度、抗风险能力、抗御特枯水及连续枯水年的能力和效果；⑤工程措施和非工程措施的总体效益分析。

第三层次，评价各类规划实施方案的经济效益，主要包括：①评价节水措施实施后节水量和效益；②评价水资源保护措施实施后所产生的社会效益、经济效益和生态环境效益；③评价增加供水方案实施后由于供水能力和供水保证率的提高，所产生的社会效益、经济效益和生态环境效益；④评价非工程措施的实施效果，包括对提出的抑制不合理需求、有效增加供水和保护生态环境的各类管理制度、监督、监测及有关政策的实施效果进行检验；⑤有条件的地区可对总体布局中起重大作用的骨干水利工程的实施效果进行评价；⑥对综合规划的近期实施方案进行环境影响总体评价，对可能产生的负面影响提出补偿改善措施。

规划实施效果按水资源一级分区和省级行政区进行评价，评价采取定性与定量相结合的方法，以定量为主。

第六章　水文地质勘察技术

第一节　水文地质勘察概述

一、水文地质勘察的目的、任务

水文地质勘察是研究水文地质的主要手段，其目的主要有：第一，为地下水资源的合理开发利用与管理、国土开发与整治规划、环境保护和生态建设、经济建设和社会发展规划提供区域水文地质资料和决策依据；第二，为城市建设和矿山、水利、港口、铁路、输油输气管线等大型工程项目的规划提供区域水文地质资料；第三，为更大比例尺的水文地质勘察，城镇、工矿供水勘察，农业与生态用水勘察，环境地质勘察等各种专门水文地质工作提供设计依据；第四，为水文地质、工程地质、环境地质等学科的研究提供区域水文地质基础资料。

水文地质勘察的任务就是运用各种不同的勘察手段（测绘、勘探、试验、观测等），经过一定的勘察程序去查明研究区基本的水文地质条件，解决其专门性的水文地质问题。例如，水文地质普查阶段的基本任务是：第一，基本查明区域水文地质条件，包括含水层系统或蓄水构造的空间结构及边界条件，地下水补给、径流和排泄条件及其变化，地下水水位、水质、水量等；第二，基本查明区域水文地球化学特征及形成条件，地下水的年龄及更新能力；第三，基本查明区域的地下水动态特征及其影响因素；第四，基本查明地下水开采历史与开采现状，计算地下水天然补给资源，评价地下水开采资源和地下水资源开采潜力；第五，基本查明存在或潜在的与地下水开发利用有关的环境地质问题的种类、分布、规模大小和危害程度及形成条件、产生原因，预测其发展趋势，初步评价地下水的环境功能和生态功能，提出防治对策建议；第六，采集和汇集与水文地质有关的各类数据，建立区域水文地质空间数据库；第七，建立或完善地下水动态区域监测网点，提出建立地下水动态监测网的优化方案。

二、水文地质勘察阶段的划分

水文地质勘察通常是按普查、详查两个阶段进行，但由于中国很多地区的供水水源地在开采之前从未进行过专门的水文地质普查与详查工作，在开采中出现许多需要研究和解决的具体问题，形成了开采阶段的水文地质勘察。故而，中国的水文地质勘察就分为普查、详查和开采三个阶段。

（一）普查阶段

普查阶段是一项区域性的、小比例尺的勘察工作。在普查阶段一般不需要解决专门性的水文地质问题，其目的只是查明区域性的水文地质条件及其变化规律，为各项国民经济建设提供规划资料。在普查阶段，要求查明区域内各类含水层的赋存条件、分布规律，地下水的补给、径流和排泄，地下水的水质、水量等。

在普查阶段，通常进行水文地质测绘工作，其比例尺的选择应根据国民经济建设的要求和水文地质条件的复杂程度来确定，通常选用 1：20 万（或 1：25 万），在严重缺水或工农业集中发展地区也可采用 1：10 万。

（二）详查阶段

详查阶段一般都应在水文地质普查的基础上进行。在这个阶段的工作中，需要为国民经济建设部门提供所需的水文地质依据。例如为城镇或工矿企业供水、为农田灌溉供水、为矿山开采等进行水文地质调查。详查的面积除了农田灌溉供水外，一般都比较小。采用的比例尺通常是 1：5 万~1：2.5 万。

详查的任务除了查明基本的水文地质条件外，还要求对含水层的水文地质参数、地下水动态的变化规律、各种供水的水质标准及开采后井的数量和布局提出切实可靠的数据，并预测出将来开采后可能出现的水文地质问题（如海水入侵、水质恶化）和工程地质问题（如地面沉降、岩溶地区地面塌陷等）。

（三）开采阶段

开采阶段的水文地质勘察工作，是根据开采过程中出现的水文地质和工程地质问题来确定具体任务的。这些问题，有的是因为在开采前从未进行过水文地质勘察工作而必然要发生的；有的则是因为以前的勘察工作精度不够高，数据不可靠，不能准确做出预测。比如，在详查阶段，由于比例尺太小，还不能满足基坑排水设计的需要，还需要更准确地了解本场地的水文地质条件，需要补充勘察和试验。又比如，在供水水文地质工作中，由于井距不合理导致水井间严重干扰，地下水降落漏斗不断扩大及由此引发的地面沉降、水量枯竭、水质恶化等，都属于开采阶段应该解决的水文地质问题。

开采阶段的比例尺应大于1∶2.5万。由于它带有研究的性质和地下水系统的区域性，所以不一定开展更小比例尺精度的全面勘察工作，而是针对开采后出现的问题做具体分析，然后选择不同的勘察方法加以解决。

三、水文地质勘察设计书的编写

目前我国中比例尺的地形图和数字地理底图数据库数据，已由过去的1∶20万改为按国际1∶25万分幅进行，国土资源部已将中国新一轮中比例尺的区域地质调查的基础图件定位为1∶25万比例尺的地质图，因此水文地质普查原来常用的1∶20万比例尺今后也将调整为1∶25万。故现以1∶25万区域水文地质调查为例对水文地质勘察设计书编制进行说明，其他比例尺的区域水文地质调查也可参照。

（一）设计书的编写

1. 设计书编制的原则要求

（1）设计书的编制要求。应根据任务书要求，充分收集和研究调查区的有关资料，进行必要的现场踏勘，了解调查区地质、水文地质概况、以往研究程度，分析存在的主要问题，明确调查的任务和需要、重点解决的问题，确定技术路线，通过设计方案论证，合理使用工作量，力求以较少的工作量取得较好的成果，达到工作布置合理、技术方法先进、经费预算正确、组织管理和质量保证措施有效可行。

（2）设计书的内容要求。应系统、完整，重点突出，文字精练，经费预算合理，附图、附表齐全。

（3）跨年度项目应编制总体设计书和年度工作方案。设计书一经批准应严格执行。在执行过程中，实施单位可根据实际情况对设计书及时进行补充修改和调整，但必须报原审批单位批准。专题研究和专项工作，必须单独编制单项工作设计书，作为总体设计书或年度工作方案的附件。

（4）设计书编写的主要依据。①项目任务书；②地质、水文地质条件、存在的主要问题与以往研究程度；③有关技术标准和经费预算标准。

（5）设计书编制应遵循接受任务、收集有关资料、现场踏勘和组织编写的程序进行。

（6）设计书中有关区域水文地质数据库的建立，宜参照《空间数据库工作指南》和

《数字化地质图层及属性文件格式》等标准进行。

2. 设计书的内容

设计书的编写可参考如下大纲：

前言：包括任务来源，任务书编号及项目编码；项目的目的、任务和意义；工作起止时间；地质、水文地质条件的复杂程度及其调查研究程度；生态环境现状及存在的主要地质、水文地质、环境地质问题；本次工作拟解决的主要问题。

第一章　自然地理及社会经济

（一）自然地理：包括地理位置、坐标范围、工作区面积（附工作区交通位置图），涉及的行政区划、流域、图幅及编号，地形地貌、气象、水文。

（二）社会经济发展与水资源需求：包括水资源开发利用现状，工作区交通条件、产业结构，主要工业、农业和第三产业发展前景及其对水资源的需求。

第二章　地质、水文地质概况

（一）地质概况：包括地层岩性、地质构造等。

（二）水文地质概况：包括地下水类型、埋藏条件与历史变化规律，地下水化学特征、动态规律，地下水的补给、径流、排泄条件，存在的环境地质问题等。应初步勾画出地下水系统的结构模型和水动力模型。

第三章　调查的工作部署

工作部署原则、工作重点、技术路线、调查内容与要求、工作计划、时间安排，针对需要解决的问题布置的实物工作量。

第四章　工作方法与主要技术要求

简要叙述采用的工作方法、精度要求及侧重解决的水文地质问题。对资料的进一步收集与二次开发、水文地质测绘、遥感解译、环境同位素、水文地质钻探、物探、野外试验、动态监测、水资源计算与环境效应评价，数据库建设及综合研究等各项工作提出具体的技术要求。

第五章　经费预算

按《中国地质调查局地质调查项目设计预算编制暂行办法》及有关要求编写。

第六章　组织管理和保证措施

包括项目组的人员组成、分工及管理协调体系（或组织机构），技术装备，工期保证措施，项目质量保证措施，安全及劳动保护措施。

第七章　预期成果

包括文字报告、图件、区域水文地质调查空间数据库，阶段性总结和图件，预期地下水可开采资源量，区域地下水动态监测网优化方案。

（二）附图与附件

第一，地质、水文地质研究程度图。第二，区域水文地质略图（附剖面图）。第三，工作布置图。第四，典型水文地质勘探孔设计图。第五，其他附件（包括单项工作设计书）。

（三）设计书的审批

设计书审查工作由中国地质调查局组织审查，也可委托有关部门或单位组织审查。通过审查后才能组织实施。

第二节　水文地质测绘技术

一、水文地质测绘的主要工作内容和成果

（一）水文地质测绘主要调查内容

（1）地貌形态、成因类型及各地貌单元的界线和相互关系，查明地层、构造、含水层的分布、地下水富集等及其与地貌形态的关系。

（2）地层岩性、成因类型、时代、层序及接触关系，查明地层岩性与地下水富集的关系。

（3）褶皱、断裂、裂隙等地质构造的形态、成因类型、产状及规模，查明褶皱构造的富水部位及向斜盆地、单斜构造可能形成自流水的地质条件，判定断层带和裂隙密集带的含水性、导水性、富水地段的位置及其与地下水活动的关系，确定新构造的发育特点与老构造的成因关系及其富水性。

（4）含水层性质、地下水的基本类型、各含水层（组）或含水带的埋藏和分布的一般规律。

（5）区域地下水补给、径流、排泄等水文地质条件。

（6）泉的出露条件、成因类型和补给来源，测定泉水流量、物理性质和化学成分，搜集或访问泉水的动态资料，确定主要泉的泉域范围。

（7）钻孔和水井的类型、深度、结构和地层剖面，测定井孔的水位、水量、水的物理

性质及化学成分，选择有代表性的水井进行简易抽水试验。

（8）初步查明区内地下水化学特征及其形成条件。

（9）初步查明地下水的污染范围、程度与污染途径。

（10）测定地表水体的规模、水位、流量、流速、水质和水温，查明地表水和地下水的补排关系。

（11）调查地下水、地表水开采利用状况；收集水文气象资料，综合分析区域水文地质条件，对地下水资源及其开采条件（包括将开采所引起的环境地质问题）进行评价。

（二）水文地质测绘的主要成果

主要成果有：水文地质图（含代表性地段的水文地质剖面图）、地下水出露点和地表水体的调查资料、水文地质测绘工作报告。

水文地质图是水文地质测绘的重要成果之一，包括：实际材料图、地质图、综合水文地质图、地下水化学图、地貌图、第四纪地质图、地下水等水位线及埋藏深度图、地下水开发利用规划图等。其中前四个图是基本的必需的图件，其他图件的编制可根据工作目的和工作实际需要进行取舍。

二、测绘精度的要求

测绘精度的要求，主要是以图幅上单位面积内的观测点数量及在图上描绘的精确度来反映。不同比例尺填图的精确度，取决于地层划分的详细程度和地质界限描绘的精度，以及对工作区的地质、水文地质现象的研究和了解的准确度、须阐明的详细程度。

1. 测绘填图时所划分单元的最小尺寸，一般规定为2mm，即大于2mm的相应比例尺的闭合地质体或宽度大于1mm、长度大于4mm的构造线或长度大于5mm的构造线均应标示在图上。

2. 地层单位。为了保证精度，岩层单位不宜太大。以1∶5万比例尺为例，褶皱岩层厚度不得超过500m，缓倾斜岩层厚度不超过100m。岩性单一时可适当放宽。

3. 根据不同比例尺的要求，规定在单位面积内必须有一定数量的观测点及观测路线。以1∶5万的地形图为例，一般每隔1～2cm需要布置一条观测线，每隔0.5～1cm应布置一个观测点。条件简单者可以放宽一倍。观测点的布置应尽量利用天然露头。当天然露头不足时，可布置少量的勘探点，并采取少量的试样进行试验。

观测线的布置应满足下列要求：①从主要含水层的补给区向排泄区，即水文地质条件变化最大的方向布置；②沿能见到更多的井、泉、钻孔等天然和人工地下水露头点及地表水体的方向布置；③所布置的观测线上应有较多的地质露头。

水文地质点应布置在泉、井、钻孔和地表水体处、主要的含水层或含水断裂带的露头处，地表水渗漏地段等重要的水文地质界线上，以及布置在能反映地下水存在与活动的各种自然地理的、地质的和物理地质现象等标志处。对已有取水和排水工程也要布点研究。

4. 为了达到所规定的精度要求，一般在野外测绘填图时，采用比例尺较提交的成果图大一级的地形图为填图的底图，如要进行 1：5 万比例尺的水文地质测绘时，可采用 1：2.5 万比例尺的地形图作为野外作业的底图。野外作业填图完成后，再缩制成 1：5 万比例尺图件作为正式提交的资料。

如果只有适合比例尺的地形图而无地质图时，应进行综合性地质-水文地质测绘。

三、地质调查

地下水的形成、类型、埋藏条件、含富水性等都严格受到当地地质条件的制约，因此地质调查是水文地质测绘中最基本的内容，地质图是编制水文地质图的基础。但水文地质测绘中对地质的研究与地质测绘中对地质的研究是不同的：水文地质测绘中对地质的研究目的在于阐明控制地下水的形成和分布的地质条件，也就是要从水文地质观点出发来研究地质现象。因此，在水文地质测绘中进行地质填图时，不仅要遵照一般的地层划分的原则，还必须考虑决定含水条件的岩性特征，允许不同时代的地层合并，或将同一时代的地层分开。

（一）岩性调查

岩性特征往往决定了地下水的含水类型、影响地下水的水质和水量。如第四纪松散地层往往分布着丰富的孔隙水；火成岩、碎屑岩地区往往分布着裂隙水，而碳酸盐岩地区则主要分布着岩溶水。对于岩石而言，影响地下水水量的关键在于岩石的孔隙性，而岩石的化学成分和矿物成分则在一定程度上影响着地下水的水质。因此，在水文地质测绘中要求对岩石岩性观察的内容如下：

（1）观测研究岩石对地下水的形成、赋存条件、水量、水质等诸多影响因素。

（2）对松散地层，要着重观察地（土）层的粒径大小、排列方式、颗粒级配、组成矿物及其化学成分、包含物等。

（3）对于非可溶性坚硬岩石，对地下水赋存条件影响最大的是岩石的裂隙发育情况，因此要着重调查和研究裂隙的成因、分布、张开程度和充填情况等。

（4）对于可溶性坚硬岩石，对地下水赋存条件影响最大的是其岩溶的发育程度，因此要着重调查和研究岩石的化学、矿物成分、溶隙的发育程度及影响岩溶发育的因素等。

（二）地层调查

地层是构成地质图和水文地质图的最基本要素，也是识别地质构造的基础。在水文地质测绘中，研究地层的方法是：

（1）如测区已有地质图，在进行水文地质测绘时，首先要到现场校核和充实标准剖面，再根据其岩性和含水性，补充分层（把地层归纳为含水岩组和隔水岩组）。

（2）如测区还没有地质图，就需要进行综合性地质-水文地质测绘。在进行测绘时，首先要测制出调查区的标准剖面。

（3）在测制或校核好标准地层剖面的基础上，确定出水文地质测绘时所采用的地层填图单位，即要确定出必须填绘出的地层界限。

（4）野外测绘时，应实地填绘出所确定地层的界限，并对其做描述。

（5）根据测区内地层的分布及其岩性，判断区内地下水的形成、赋存等水文地质条件。

（三）地质构造调查

地质构造不仅对地层的分布产生影响，它对地下水的赋存、运移等也起很大作用。在基岩地区，构造裂隙和断层带是最主要的贮水空间，一些断层还能起到阻隔或富集地下水的作用。在水文地质测绘中，对地质构造的调查和研究的重点如下：

1. 对于断裂构造

要仔细地观察断层本身（断层面、构造岩）及其影响带的特征和两盘错动的方向，并据此判断断层的性质（正断层、逆断层、平移断层），分析断裂的力学性质。调查各种断层在平面上的展布及其彼此之间的接触关系，以确定构造体系及其彼此之间的交接关系。对其中规模较大的断裂，要详细地调查其成因、规模、产状、断裂的张开程度、构造岩的岩性结构、厚度、断裂的填充情况及断裂后期的活动特征；查明各个部位的含水性及断层带两侧地下水的水力联系程度；研究各种构造及其组合形式对地下水的赋存、补给、运移和富集的影响。如研究区内存在地下热水，还要研究断裂构造与地下热水的成因关系。

2. 对于褶皱构造

应查明其形态、规模及其在平面和剖面上的展布特征与地形之间的关系，尤其注意两翼的对称性和倾角大小及其变化特点，主要含水层在褶皱构造中的部位和在轴部中的埋藏深度；研究张应力集中部位裂隙的发育程度；研究褶皱构造和断裂、岩脉、岩体之间的关系及其对地下水运动和富集的影响。

四、地貌调查

地貌与地下水的形成和分布有着密切的联系，通常是地形的起伏控制着地下水的流向。在野外进行地貌调查时，要着重研究地貌的成因类型、形成的地质年代、地貌景观与新地质构造运动的关系、地貌分区等。同时，还要对各种地貌的各个形态进行详细、定性的描述和定量的测量，并把野外所调查到的资料编制成地貌图。

（一）基本调查方法

第一，调查地貌的成因类型和形态特征，划分地貌单元，分析各地貌单元的发生、发展及其相互关系，并划分各地貌单元的分界线。第二，调查微地貌特征及其与地层岩性、地质构造和不良地质现象作用的联系。利用相关沉积物的特征，可以确定地貌发育的古地理环境和地质作用，从沉积物中保存下来的化石、同位素及古地磁资料，还可以确定地貌发育的年龄。第三，调查地形的形态及其变化情况。第四，调查植被的性质及其与各种地层要素之间的关系。第五，调查阶地的分布和河漫滩的位置及其特征，古河道、牛轭湖等的分布和位置。

（二）地貌的成因类型

所谓的地貌成因，就是形成地形的地质因素，包括内动力地质作用和外动力地质作用。内动力地质作用主要是指地质构造运动的作用，外动力地质作用主要是指重力作用、流水作用、湖泊作用、冰川作用、风成作用、岩溶作用等。

（三）野外调查中应注意的问题

（1）地貌观测路线大多是地质观测线，观测点的布置应在地貌变化显著的地点，如阶地最发育的地段，冲沟、洪积扇、山前三角面及岩溶发育点等。

（2）划分地貌成因类型时，必须考虑新构造运动这个重要因素。新构造运动是控制地形形态的重要因素，中国是一个多山的新构造运动强烈的国家，从第三纪末期至今的新构造运动对于中国各地地貌的形成起着十分重要的作用。对新构造运动强度的判别，在很大程度上还依赖于对地形（河流曲切割深度、古代剥蚀面隆起所达到的高度、水文网分布情况、阶地的变形、沉积厚度等）的分析。如果新构造运动强烈上升，会形成切割强烈的高山；而新构造运动下降，常形成宽谷、沉积平原等。洪积扇发生前移或后退现象也是新构造运动作用的标志。地质构造的影响有时也可以反映在地形的特征上，例如单斜构造在地形上常表现为单面山，断层构造常表现为断层陡坎。

(3) 注意岩性对地形形成的影响。岩石性质对地形形成的影响也十分明显，因为不同的岩性常能形成不同成因及形态的地形，很多峡谷与开阔盆地的形成，是与岩性的软硬有关的。

(4) 应编制地貌剖面图。编制地貌剖面图是地貌观测工作中的一种极其重要的调查方法，它能很明显地、准确地和真实地反映出当地的地貌结构、地层间的接触关系、厚度及成因类型。地貌剖面法是沿着一定的方向（尽可能直线）来详细地研究当地地形的成因与变化的一种方法。剖面线应布置在这样的一些地方，在该地可以很好地断定最重要的地形要素的性质和相互关系，并获得关于整个地形成因和发展史的资料。

五、水文地质调查

水文地质调查的任务是在研究区域自然地理、地质特点的基础上，查明区域水文地质条件，确定含水层和隔水层；调查含水层的岩性、构造、埋藏条件、分布规律及其富水性；地下水补给、径流、排泄条件，大气降水、地表水与地下水三者之间的相互关系；评价地下水资源及其开发远景。因此，在水文地质调查过程中，必须详细地观测和记录测区的地下水点，包括天然露头、人工露头与地表水体，并绘制地形和地质剖面图或示意图；对地下水的天然露头（如泉、沼泽和湿地）、地下水的人工露头（如井、钻孔、矿井、坎儿井，以及揭露地下水的试坑和坑道、截潜流等），均应进行统一编号，并以相应的符号准确地标在图上。

（一）地表水调查

对于没有水文站的较小河流、湖泊等，应在野外测定地表水的水位、流量、水质、水温和含沙量，并通过走访水利工作者和当地群众了解地表水的动态变化。对于设有水文站的地表水体则应搜集有关资料进行分析整理。

此外，还应重点调查和研究地表水的开发利用现状及其与地下水的水力联系。

（二）地下水调查

1. 地下水的天然露头的调查

对地下水露头点进行全面的调查研究是水文地质测绘的核心工作。在测绘中，要正确地把各种地下水露头点绘制在地形地质图上，并将各主要水点联系起来分析调查区内的水文地质条件。还应选择典型部位，通过地下水露头点绘制出水文地质剖面图。

泉是地下水直接流出地表的天然露头，是基本的水文地质点，通过对大量的泉水（包括地下水暗河）的调查研究，我们就可以认识工作区地下水的形成、分布与运动规律，也为开发利用地下水的前景提供了直接可靠的依据。一些大泉，由于其水量丰富、水质良好和动态稳定，供水意义大，应成为重点研究对象。对泉水的调查内容主要有：

（1）泉水出露处的位置和地形。

（2）泉水出露的高程。

（3）泉水出露的地质条件。描述泉水出露的地质年代、地层及其岩性特征，底部有无隔水层存在，以及构造部位是否处于单斜岩层、皱曲构造，还是处于断层破碎带等。如果是岩溶发育区，则应仔细观察并记录泉水附近地质露头的裂隙发育和岩溶发育程度；还应记录泉水是呈点滴渗出还是呈股流涌出，有多少泉眼等。

（4）判断泉域的边界条件。包括隔水边界、透水边界、排水边界、各类岩层分布面积等。

（5）泉水的补给排泄条件。包括大气降水渗入、地表水体漏失、岩溶水运动特征、泉水的排泄特点等。

（6）泉水的出露条件。目的是区分断层泉、侵蚀泉及接触泉等类型。根据补给泉水的含水层位、地下水类型、补给含水层所处的构造类型、部位及泉水出口处的构造特征等来分析泉的出露条件。也可用泉水的出露特征来判定某些构造的存在，特别是被松散层覆盖的基岩中的断裂情况。

（7）调查泉水的动态特征。测量泉的涌水量和水温，并根据泉流量的不稳定系数分类来判断泉的补给情况；对于温泉，还应侧重分析其出露条件、特殊的化学成分及其与其他类型地下水之间的关系，调查它们的热能利用问题。

（8）采取水样，进行水质分析研究。

（9）对于流量出现衰减或干枯的泉，应分析原因，提出恢复措施。

（10）调查泉的用途及引水工程。通过走访当地群众做调查并做详细的记录。对于矿泉，要着重观察其出露的构造条件，观察附近是否有深大断裂或者岩浆侵入体的存在；还应采取水样做全分析和专项分析，分析其特殊的化学成分和地层岩性、与其他类型地下水之间的关系；调查它们的治疗效果。

2. 地下水的人工露头的调查

在缺乏泉的工作区，要把重点放在现有井（孔）（包括供水水源与排水工程）的观测上，当两者都缺乏时，则应布置重点揭露工程。如当含水层的埋藏较浅时，可采用麻花钻、洛阳铲等工具揭露；当含水层埋藏较深时，可用钻机揭露。

地下水的人工露头，主要是指民用的机井、浅井及个别地区少数的钻孔、试坑、矿坑、老窑等。在老井灌区内，机井、浅井一般都呈大量分布，为我们查明工作区在现有的开采深度内含水层的分布、埋藏规律和地下水的开采动态提供了十分可贵的资料。

地下水人工露头调查内容包括：

（1）调查水井或钻孔所处的地理位置、地貌单元，井的深度、结构、形状、孔径，井孔口的高程、井使用的年限和卫生防护情况。

（2）调查水井或钻孔所揭露的地层剖面，确定含水层的位置和厚度。

（3）测量井水位、水温，并选择有代表性的水井进行取水样分析。通过调查访问，收集水井的水位和涌水量的变化资料。

（4）调查井水的用途和提水设备的情况。对于地下水已被开发利用的地区，要采取访问与调查相结合进行机井和民井的调查，并根据精度要求，选择有代表性的机井、民井标在图上。收集机井、民井的卡片资料，其中包括井内所揭露的地层和井的结构，机、泵、管、电等的配套资料，进行必要的整理和编录。测量时要预先选好井位，在同一时间内观测（一般在2~3天）。井口标高可在地形图上用内插法取得或用水准仪测定。在机井资料较多的平原地区，应对机井资料进行充分的对比分析，对枯水期和丰水期，分别进行地下水水位统一测量，并运用数理统计或图表方法进行整理，尽量发挥资料的潜力，从中找出规律性。

（5）对自流井应调查出水自流的深度及位置，隔水顶板的分布和含水层的岩性、厚度，以及水头高度与流量变化情况；对坎儿井应分别查明各井筒的剖面和各段暗渠的流量及补给地下水的含水层。

（6）进行简易的抽水试验。利用井口安装的提水工具（如提桶、辘轳、水车、水泵等）进行。抽水试验的数量及其在测绘区的布置，应取决于测绘比例尺的大小和测绘精度的要求，以及区域水文地质条件的复杂程度。一般在复杂地区应多布置试验井，在简单地区少布置。试验井的选择要有代表性。

（三）地下水与地表水的联系性调查

地下水与地表水之间的水力联系，主要取决于两者之间的水头差及两者之间介质的渗透性。例如，河水与地下水之间存在可渗透的介质时，当河水位高于地下水位，河水就补给地下水；相反，如果地下水位高于河水位，地下水就补给河水。野外调查时，一般选择河流平直而无支流的地段进行流量测量，测量其上下游两个断面之间的流量差，如果上游断面流量大于下游断面流量，说明河流补给地下水；反之，则地下水补给地表水。

有下降泉出露的地段，说明是地下水补给地表水。泉水出露点高出地表水面的高度，即为该处地下水位与地表水位的水位差。

应注意的是，有时虽然存在着水位差，但是由于不透水层的阻隔，使地表水与地下水不发生水力联系。

野外调查时，还须查明地下水与地表水的化学成分的差异性。可通过采取地下水与地表水的水样分析来对比它们的物理性质、化学成分和气体成分来判断它们之间有无水力联系。

（四）地植物的调查

植物生长离不开水，某些植物的分布、种类可以指示该地区有无地下水及其水文地质特征，因而在某些地区，特别是在干旱、半干旱和盐渍化区进行水文地质测绘时，应注意对地植物的调查。例如：在干旱、半干旱区，某些喜水植物的生长，常指示出该处地下有水，生长茂盛说明该地段地下水埋藏较浅；在盐碱化地区，可依据植物的分带现象来判断土壤的盐碱化程度；在松散层覆盖区，如植物呈线状分布则指示下面可能有含水断裂带存在等。

在野外对地植物描述一般包括下列内容：①地植物分布区周围的环境。包括地理位置、地形、土壤、地貌特点、地表水情况等。②地植物的群落及生态特征。包括地植物群落种类名称（学名、俗名），地植物的高度、分层、覆盖密度和匀度及其与地下水的关系（耐旱性、喜水性、喜盐性等）。③地植物的种属分布与地下水的关系。包括各种地植物所处的地层岩性，地下水水位、水质及不同季节植物的生长变化情况。④采集地植物标本。选择典型地段作地植物生态系列分布剖面图，即水文地质指示植物图。该图首先表示大的植被单位，然后再划出对水文地质工作有特殊指示意义的较小的植被单位；一些特别有意义的种属，可以用特殊符号表示。

第三节　水文地质物探技术

一、遥感技术

（一）遥感技术的分类

按电磁辐射的来源可分为：（1）被动遥感，即通过遥感器（如人的眼睛、照相机、辐射仪等）接受地质体的发射信号，而不须同被研究对象或现象进行直接接触，就可以测量、记录远距离目标物的性质和特征；（2）主动遥感，即利用仪器发射信号（如雷达、激光雷达波和声呐等），并通过接受其反射回来的信号而了解被研究对象或现象的性质和特征。

按遥感平台的高度分类大体上可分为：（1）航天遥感，指利用各种太空飞行器为平台的遥感技术系统。（2）航空遥感，指从飞机、飞艇、气球等空中平台对地观测的遥感技术系统；（3）地面遥感，指以高塔、车、船为平台的遥感技术系统。

按工作波段，可分为：（1）紫外遥感。对波长 0.3~0.4μm 的紫外光的遥感。（2）可见光遥感。对波长为 0.4~0.7μm 的可见光的遥感。一般采用感光胶片（图像遥感）或光电探测器作为感测元件。可见光摄影遥感具有较高的地面分辨率，但只能在晴朗的白昼使用。（3）红外遥感。可细分为近红外或摄影红外遥感（波长为 0.7~1.5μm，用感光胶片直接感测）、中红外遥感（波长为 1.5~5.5μm）、远红外遥感（波长为 5.5~1000μm）。中、远红外遥感通常用于遥感物体的辐射，具有昼夜工作的能力。常用的红外遥感器是光学机械扫描仪。（4）微波遥感。对波长 1~1000mm 的电磁波（即微波）的遥感。微波遥感具有昼夜工作能力，但空间分辨率低。雷达是典型的主动微波系统，常采用合成孔径雷达作为微波遥感器。（5）多波段遥感，是指探测波段在可见光波段和红外波段范围内，再分成若干窄波段来探测目标。

按研究对象还可分为：资源遥感和环境遥感。

按应用空间尺度分类可分为：全球遥感、区域遥感和城市遥感。

（二）遥感的工作流程

在水文地质勘察中，遥感的工作流程为：选取适宜的数据源及光谱波段→获取遥感图像→图像处理→遥感解译→绘制解译图→提取水文地质信息。

（1）根据水文地质信息的特点，数据源选取顺序一般为：ETM（电子战术地图）→TM（专题绘图仪）→SPOT（陆地卫星定点仪）→SAR（合成孔径雷达）。在有条件的地区，结合航空相片效果会更好。

数据源及光谱波段选取：对于盆地周边冲洪积扇区松散岩类孔隙水的勘察，应以秋、冬季节可见光、红外波段影像为主要数据源；沙漠-绿洲交错地带寻找泉水出露点或地下水溢出带以春初或秋末热红外图像反映效果好；对活动断裂、隐伏构造及埋藏古河道地下水的勘察应以秋末、春初红外、热红外波段及微波图像为主要数据源。

（2）遥感图像处理方法：利用相应解译比例尺地形图，将所选用的图像数据进行地理位置配准，统一图像的空间分辨率。如要对图像进行增强处理，则可利用三个波段的多光谱数据（TM/ETM）进行假彩色合成，以增强图像的光谱分辨率，用以区分山前平原区不同植被及土壤湿度，对植被覆盖区以TM5、TM3、TM2（ETM5、ETM3、ETM2）波段组合效果较好。利用ETM6热场数据、微波雷达数据和ETM8全色高分辨率数据的融合，还可提高图像的空间分辨率，增强冲洪积扇区水系纹理的影像特征，增强影像中山前断裂带、隐伏构造地下水信息及平原区、沙漠区埋藏古河道的含水信息。

（3）遥感的解译：遥感解译工作的技术路线，大体分为三个阶段。

①室内初步解译阶段。在这个阶段，要利用影像图的不同波长所反映出的不同色彩，以肉眼可分辨为原则，进行目视判释。以判释标志为基础，依据“先宏观后微观，先整体后局部，先已知后未知，先易后难”的指导思想，同时紧密结合以往的地质、水文地质资料，使图像特征与各类地质特征反复对比，建立不同地质现象的影像特征。

②野外验证、实地建立解译标志阶段。由于遥感图像的解译受其成像条件、分辨率及人为诸多因素的限制，对某些地质体的判释存在着局限性，如局部地层界线、局部的构造特征等难以判出；对岩性特征、流量、水位埋深及断层断距等定量指标也无法判定，因此解译的可靠程度、准确性等还需要野外调查加以实地验证。

③室内详细解译、综合分析阶段。通过前两个阶段的工作，已基本上掌握了工作地区各种解译要素的解译标志。在此基础上，对各种遥感资料进行详细系统的解译。之后，通过综合分析完成图件的编制工作。解译后可编制出水系、地貌、地层、地质构造等系列的判释图。

（三）遥感工作的基本要求

1. 准备工作

准备工作包括资料收集、遥感图像的质量检查、编录、整理等方面。

资料收集包括：①各种陆地卫星图像或图像数字磁带；②各种航空遥感图像（包括黑白航空相片和其他航空遥感图像）、热红外扫描图像（注意成像时间、气象条件、扫描角度、温度灵敏度、地面测温等资料）；③合适比例尺的地形图（最好跟遥感图像比例尺相同）；④典型的地物波谱特征资料。

遥感图像的质量检查。检查内容主要包括：范围、重叠度、成像时间、比例、影像清晰度、反差、物理损伤、色调和云量等。

2. 初步解译

初步解译前应根据工程需要、地质条件、遥感图像的种类及其可解译的程度等，先确定出解译的范围和解译的工作量，制定解译的原则和技术要求，建立区域解译标志。

（1）可解译的程度划分。对基岩和地质构造的可解译程度可划分为：

良好：植被和乔木很少，基岩出露良好，解译标志明显而稳定，能分辨出岩类和勾绘出构造轮廓，能辨别绝大部分的地貌、地质、水文地质细节。

较好：虽有良好的基岩露头，但解译标志不稳定，或地质构造较复杂，乔木植被和第四系覆盖率小于50%，基岩和地质构造线一般能勾绘出来。

较差：森林（植被）和第四系地层的覆盖率大于50%，只有少量的基岩露头，岩性和构造较为复杂，解译标志不稳定，只能判别大致轮廓和个别细节。

困难：大部分面积被森林（植被）和第四系地层覆盖，或大片分布湖泊、沼泽、冰雪、耕地、城市等，只能解译一些地貌要素和地质构造的大体轮廓，一般分辨不出细节。

（2）遥感图像调绘面积的确定。遥感图像的解译成果须用航测仪器成图时，应按规定划定调绘面积。调绘面积应在相片调绘面积内或在压平线范围内进行。当相片上无压平线时，距相片边缘不应小于1.5cm。

（3）初步解译的要求。①对立体像对的图像，应利用立体解译仪器进行观察。②遥感图像在解译过程中，应按“先主后次，先大后小，从易到难”的顺序，反复解译、辨认；重点工程应仔细解译和研究。③应按规定的图例、符号和颜色，在航片上进行地质界线的勾绘和符号标记。

初步解译后，应编制遥感地质初步解译图，其内容应包括各种地质解译成果、调查路线和拟验证的地质观测点等。

3. 最终解译与资料的编制

在外业调查结束后，应进行遥感图像的最终解译并做全面检查，做到各种地层、岩性（岩组）、地质构造、不良地质作用等的定名和接边准确。成图比例应符合有关规定。

二、地面物探技术

（一）电法勘探

电法勘探是物探的主要方法之一，它是通过对天然电场和人工电场的研究来获得岩石不同电学特性的资料，以判断有关水文地质问题。电法的用途广泛，它可用于探测盖层的厚度、断层裂隙、岩石单元、海水入侵等。

根据电场建立的方法、场源的性质、方法所依据的电学性质及测量方式特点的不同，电法勘探可分为直流与交流电法勘探两大类，而每一类方法又分为很多种，它们在水文地

质工作中的应用亦各有侧重。

1. 自然电场法

当地下水在孔隙地层中流动时，毛细孔壁产生选择性吸附负离子的作用，使正离子相对向水流下游移动，形成过滤电位。因此做区域性的自然电位测量，可判断潜水的流向。在水库的漏水地段可常出现自然电位的负异常，而在隐伏上升泉处则可获得自然电位的正异常。

2. 激发极化法

实验室研究表明，含水砂层在充电以后，断电的瞬间可以观测到由于充电所激发的二次电位，该二次电位衰减的速度随含水量的增加而变缓。在实践中利用这种方法圈定地下水富集带和确定井位已有不少成功的实例，但它在理论和观测技术方面还有待改进。

3. 其他技术

近年来电法探测的仪器和技术都取得了较快的发展。电法仪器比较成功地移植了地震仪成熟的经验技术，现其主要的技术指标（如动态范围、采样间隔、模数转换等）几乎与地震没有什么差别。其中最令人瞩目的是以下三种：

（1）地面核磁共振（NMR）

地面核磁共振找水技术是目前唯一可用于直接探测地下水的物探技术。利用该项技术可以获得除什么地方有水、有多少水的资料之外，还可以获得含水层的有关信息。

NMR 找水原理：它通过建立非均匀磁场和地球物理 NMR 层析，研究地下水的空间分布。除油层、气层外，水（H_2O）中的氢核是地层中氢核的主体。H^+具有非零磁矩，并且处于不同化学环境中的同类原子核（如水、苯或环乙烷中的氢原子）具有不同的共振频率，当施加一个与地磁场方向不同的外磁场时，氢核磁矩将偏离磁场方向，一旦外磁场消失，氢核将绕地磁场旋进，其磁矩方向恢复到地磁场方向。通过施加具有拉莫尔频率的外磁场，再测量氢核的共振信号，便可实践核磁共振测量。在给定的频率范围内，如果存在有 NMR 信号，那就说明试样中含有该种原子核类型的物质。

NMR 找水的成功应用使物探技术从间接找水过渡到直接找水，是一项技术性的革命。但目前 NMR 技术尚处于发展的初级阶段，在仪器和应用技术方面都还存在一些需要改进的问题，比如提高仪器抗电磁信号干扰能力、加大勘查深度、减轻仪器重量、降低仪器成本及 NMR 信息的反演等问题。

（2）瞬变电磁法（TEM）

它利用接地电极或不接地回线通以脉冲电流，在地下建立起一次脉冲磁场。在一次场的激励下，地质体将产生涡流，其大小与地质体的电特性有关。在一次磁场间歇期间，该涡流将逐渐消失并在衰减过程中，产生一个衰减的二次感应电磁场。通过设备将二次场的变化接收下来，经过处理、解释可以得到与断裂带及其他与水有关的地质资料。

由于瞬变电磁法仅观测二次场，与其他电性勘探方法相比，具有体积效应小、纵横向分辨率高、对低阻体反应灵敏、工作效率高、成本低廉等优点，是解决水文地质问题较理想的探测手段。此外，常规物探方法受环境限制大，难以开展水上作业，而瞬变电磁法则受环境影响较小，可以用于水上作业。

近年来，数字技术的发展促进了一批 TEM 仪器的出现，它们对 10~200m 浅层具有较高的探测能力。另外，还开发出 TEM 资料处理的新技术，有可能在事前没有较多可用地下资料的情况下，制作出逼真的解释模型。

(3）EH-4 电磁成像系统

EH-4 大地电磁系统观测的基本参数为正交的电场分量和磁场分量，通过密点连续测量，采用专业反演解释处理软件可以组成地下二维电阻率剖面，甚至三维立体电阻率成像。大地电磁测深仪器通过同时对一系列当地电场和磁场波动的测量来获得地表的电阻抗，一个大地电磁测量给出了测量点以下垂直电阻率的估计值。

主要用途：岩土电导率分层、地下水探测、基岩埋深调查、煤田勘探、金属矿详查和普查、环境调查，大坝、桥梁、铁路或公路路基、隧道勘查；咸、淡水分界面划分，断层构造探查、水库漏水点探查、地下三维成像等。

（二）地震勘探

地震勘探是通过研究人工激发的弹性波在地壳内的传播规律来勘探地质构造的方法。由锤击或爆炸引起的弹性波，从激发点向外传播，遇到不同弹性介质的分界面，将产生反射和折射，利用检波器将反射波和折射波到达地面所引起的微弱振动变成电信号，送入地震仪经滤波、放大后，记录在相纸或磁带中。经整理、分析、解释就能推算出不同地层分界面的埋藏深度、产状、构造等。

地震勘探可分为折射波法和反射波法两种，如根据地震探测的深度不同，它又可分为深层地震勘探和浅层地震勘探。

在水文地质工作中，通常使用浅层地震勘探方法，探测深度由几米到 200 米。浅层地震勘探在水文地质勘察中可解决如下问题：

①确定基岩的埋藏深度，圈定储水地段。②确定潜水埋藏深度。当没有严重的毛细现象时，潜水面为良好的地震界面，利用折射法能求得潜水位埋深。③探测断层带。一般是采用折射波资料来判定。④探测基岩风化层厚度。风化层可能是良好的含水层。当基岩风

化层不十分发育，与上覆地层有波速差异时，可用折射波法求得风化壳厚度；当风化层厚度相对地震波长或风化层与上覆地层的波速无明显差异时，则效果不佳。⑤划分第四纪含水层的主要沉积层次。如细砂、中砂与砂砾石等。要解决这样的任务，其他物探方法有时得不到令人满意的效果，折射波也只能在一定的条件下解决部分问题。目前发展起来的浅层反射波法对于上述各种地质界面均有明显的反映，能解决划分第四纪含水层的有关问题。

（三）重力及磁法勘探

重力勘探是根据岩体的密度差异所形成的局部重力异常来判断地质构造的方法，常用以探测盆地基底的起伏和断层构造等。采用高精度重力探测仪有可能探测到一些埋深不大并且具有一定体积的溶洞。

磁法勘探是根据岩石的磁性差异所形成的局部磁性异常来判断地质构造的，在水文地质勘察中，大面积的航空磁测资料可为寻找有利的储水构造提供依据。

这两种物探方法目前都主要用于探测区域构造，它们在水文地质勘察中还应用不多，只是在寻找与构造成因关系密切的地下水（如热水）方面有成功的例子。

第四节　水文地质钻探技术

一、水文地质钻孔的布置原则和方法

（一）水文地质勘探孔布置的原则

勘探工作应以最少的工作量、最低的成本和最短的时间来获取完整的水文地质资料。为此，勘探线、网的布置，应以能控制含水层的分布，查明水文地质条件，取得水文地质参数，满足地下水资源评价的要求，查清开采条件为基本目的。

在普查阶段应以线为主，详查阶段和开采阶段以线、网相结合。布孔时，必须考虑工农业供水的要求及当地水文地质条件的研究程度。例如，在群众打井资料较多、水文地质情况较清楚的地区，可以不布或少布置钻孔；在含水层比较稳定、地下水资源较丰富的淡水区，钻孔密度可适当放稀；在水文地质条件不清或在水资源评价断面上勘探时钻孔应加密，抽水孔的数量也要适当增加。总之，布置水文地质勘探孔需要遵循以下原则：

（1）以线为主，点线结合。钻孔的布置应能全面控制地区的地质-水文地质条件。既要控制地区含水层的分布、埋藏、厚度、岩性、岩相变化及地下水补给、径流、排泄条件等，又要控制和解决某些专门的水文地质问题（如构造破碎带的导水性、岩脉的阻水性、含水层之间的水力联系等）。一般而言，应沿地质-水文地质条件变化最大的方向布置一定数量的钻孔，以便配合其他物探、浅井、试坑等手段，以取得某一方向上的水文地质资料。由于钻探的成本较高，不可能在调查区内将勘探线布置得过密。在勘探线上控制不到的地方，可布置个别钻孔。

（2）以疏为主，疏密结合。禁止将勘探孔平均布置。对水文地质条件复杂的或具有重要水文地质意义的地段，如不同地貌单元及不同含水层的接触带，或同一含水层不同岩性、岩相变化带，构造破碎带，与地下水有密切联系的较大地表水体（流）附近，岩溶发育强烈处及供水首先开发的地段，或矿区首先疏干和建井的地段等，均应加密孔距和线距。对一般地段可以酌量减少孔数或加宽线距。

（3）以浅为主，深浅结合。钻孔深度的确定主要取决于所需要了解含水层的埋藏深度。勘探线上钻孔应采取深浅相兼的方法进行布孔。

（4）以探以主，探采结合。在解决各种目的的水文地质勘探时，必须以探为主。在全面取得成果的同时，尽量做到一孔多用，如用作供水、排水及长期观测等。对这些一孔多用的钻孔，在钻孔设计时，必须预先考虑其钻孔结构方面的要求。

（5）一般任务与专门任务结合。布孔时，必须考虑最终任务的要求，例如为供水勘探布孔时，除满足揭示工作区一般的水文地质规律外，还必须满足相应勘探阶段对地下水资源计算的要求及长期观测的要求。因此，当确定地下水过水断面的流量时，某些地区（如山前扇形地）过水断面的方向与水文地质条件变化最大的方向往往不一致，此时就要两者兼顾。或在某些地区（如河谷地区）两种任务勘探线相符，也要在孔距、孔深、孔径等几个方面满足地下水资源计算的需要。

（6）设计与施工相结合。在不影响取得全部成果质量的前提下，布孔时尽量考虑钻探施工的便利条件（如交通运输、供水、供电等）。

布孔方案在实施过程中还可以根据实际情况进行修改。例如经过一段钻探工作后，发现某一地段地质、水文地质条件变化不大，而现有的资料已足以阐明其变化规律时，则可适当地削减原设计方案中的勘探工作量。相反，如果发现某一地段的地质、水文地质条件变化很大，而按设计中的钻孔数量又不足以揭示其变化规律时，应适当增加钻孔数量。

（二）水文地质勘探孔的布置方法

1. 垂直布置法

无论山区或平原，勘探线都必须垂直于地下水的流向，而在地下水流向不明的地区，则应垂直河流、冲洪积扇轴部、山前断裂带、盆地长轴、向斜轴、背斜轴、岩溶发育带、古河道延展方向、海岸线等布置勘探线。

2. 平行布置法

为了评价地下水资源，在某些地区布置勘探线要与上述水文地质要素平行。在石灰岩裸露地区要沿岩溶发育带布置或沿现代水系布置。

在同一地区，勘探线、网应采取平行与垂直地下水流向相结合的办法布孔。这种布孔方法同时也适用于水文地质试验、地下水长期观测及水文地质物探勘察线的布置。

二、水文地质钻探的类型、特点及钻孔结构设计

（一）水文地质钻孔的类型

水文地质钻孔的类型有地质孔、水文地质孔、探采结合孔和观测孔四类。

1. 地质孔

通常只在小、中比例尺的区域水文地质普查中布置，一般要通过钻探取心进行地层描述和进行简易水文地质观测，但不进行抽水试验。

2. 水文地质孔

在各种比例尺的水文地质普查与勘探中布置，一般要进行单孔稳定流抽水试验，必要时还进行多（群）孔非稳定流抽水试验，以获取不同要求的水文地质参数，评价与计算地下水资源。

3. 探采结合孔

在各种比例尺的水文地质普查与勘探中均会遇到。

4. 观测孔

有抽水试验观测孔和长期观测孔（简称长观孔）两种，通常只在大、中比例尺的水文地质勘探中布置。

（二）水文地质钻探的特点

水文地质钻探不单是为了采取岩芯、研究地质剖面，还必须取得各含水层和地下水特征的基本水文地质资料，以及进行地下水动态的观测和开采地下水等。为达到此目的，水文地质钻探就必须与一般的地质钻探有所不同。其特点主要表现在：

（1）水文地质钻孔的孔径较大。这是因为须在钻孔中安装抽水设备并进行抽水试验，

在孔壁不稳定的钻孔中还要下过滤器。此外，加大孔径也是为了在抽水时能获得较大的涌水量。

（2）水文地质钻孔的结构较复杂。这是为了分别取得各含水层的水位、水温、水质和水量等基本的水文地质资料，需要在钻孔内下套管、变换孔径、止水隔离等。

（3）水文地质钻探对所采用的冲洗液要求很严格。为使所用的冲洗液不堵塞井孔内的岩石孔隙，以便能准确测定水文地质各要素（如水位、水质、涌水量），以及为今后能顺利抽水，要求采用清水钻进，或水压钻进，少用或不用泥浆钻进。当必须采用泥浆时，泥浆的稠度最好少于18s，地质勘探孔使用的泥浆稠度可放宽至20~25s。

（4）水文地质钻探的工序较复杂，施工期也较长。钻探工作中需要分层观测地下水的稳定水位，还要进行下套管止水、安装过滤器、安装抽水设备、洗井、做抽水试验等一系列的辅助工作。

（5）水文地质钻进过程中观测的项目多。为了判断钻进过程中水文地质条件的变化，在钻进中除了观测描述岩性变化外，还要观测孔内的水位、水温、冲洗液的消耗情况及涌水量等多个项目。

鉴于上述特点，为了确保水文地质成果质量，水文地质钻探有其本身的一套技术规程，应严格按其技术要求进行设计、施工和观测编录工作。

（三）水文地质钻孔的结构与设计

1. 钻孔的结构和典型钻孔结构型式

（1）钻孔（井）的结构

钻孔（井）包括孔的结构和井身结构两方面。孔的结构包括孔径、孔段和孔深三个方面。井身结构又包括：①井管，包括井壁管、过滤管、沉淀管的直径、孔段和深度；②填砾、止水与固井位置及深度。

（2）典型钻孔（井）结构型式

一径成孔（井）。除孔口管外，一径到底的钻孔，即一种口径、一套管柱的钻孔。这类钻孔通常是在地层较稳定的第四纪松散地层或基岩为主的水文地质钻孔、探采结合孔或观测孔，有下井管、过滤管并填砾或不填砾的孔及没有井管、过滤管的基岩裸孔等几种。下井管、过滤管并填砾孔的孔径一般应比管子直径大150~200mm。

多径成孔（井）。具有两个以上变径孔段的钻孔，即多次变径，并用一套或多套管柱的钻孔。通常是上部为第四纪松散层、下部为基岩或具有两个以上主要含水层的水文地质钻孔、探采结合孔及地质孔。通常是：①在第四纪地层中下井管、过滤管，并填砾或不填砾；②在基岩破碎带、强烈风化带下套管；③在完整基岩段一般为裸孔。

2. 钻孔的结构设计

水文地质钻孔的结构设计，是根据钻探的目的、任务，钻进地点的地质、水文地质剖面及现有的钻探设备等条件，对钻孔的深度、孔径的变换及止水要求等提出的具体设计方案。钻孔的结构设计是关系到水文地质钻探的质量、出水量、能耗、安全等方面的重要环节。

（1）钻孔深度的确定

钻孔深度主要取决于所要求的含水层底板的深度。但对于厚度很大的含水层中的勘探开采孔，应视其需水量的要求和“有效带”的影响深度来确定，其孔深可以小于含水层底板深度。对厚度小、水位深的含水层，设计孔深时还要考虑试验设备的要求（如须满足空气压缩机抽水沉没比的要求）。另外，对勘探开采孔尚须增加沉淀管的长度等。

（2）孔斜的要求

在现有钻探技术的条件下，钻孔在一定深度内产生一定的孔斜是难免的。但如孔斜过大，不但加大设备的磨损、增加孔内事故，还影响孔内管材和抽水设备的安装及正常运转。特别是当孔斜过大，而又采用深井泵抽水时，还可能造成立轴和进水管折断等。因此，对孔斜必须有一定的要求。按《机井技术规范》（SL 256-2000）规定：井孔必须保证井管的安装，井管必须保证抽水设备的正常工作。泵段以上顶角倾斜的要求是安装长轴深井泵时不得超过1°，安装潜水电泵时不得超过2°；泵段以下每百米顶角倾斜不得超过2°，方位角不能突变。

（3）孔径的确定

孔径的确定是整个钻孔设计的中心环节。钻孔直径的大小，与选用的钻探设备、钻探方法、井管的类型及抽水方法等关系密切。对于水文地质勘探试验孔而言，设计钻孔直径时，以将来能在孔内顺利地安装过滤器和抽水设备，并能使抽水试验正常进行为原则，因此要按抽水试验的要求，并根据预计的出水量和是否需要下过滤器及拟用的类型，以及拟用的抽水设备等来确定其终孔直径。在松散的含水层中，还须考虑填滤料的厚度。所以勘探试验孔必须具备足够大小的钻孔直径。对于水文地质勘探试验孔的终孔直径的确定问题，到目前为止，尚无较合理的统一规定。一般规定，在基岩中终孔直径不应小于130mm，在松散堆积层中不小于200mm。

再根据已确定的终孔直径，按预计需要隔离的含水层（段）的个数及其止水要求、方法和止水部位，并考虑钻孔的深度、钻进方法、岩石的可钻程度和孔壁的稳定程度等多种因素来确定钻孔是否需要变径、变径的位置和变径尺寸、下套管的深度和直径。如要对各个含水层分别进行水资源评价而要求隔离各个含水层时，或须隔离水质有害的含水层时，就要求换径止水。当钻孔深度大，为防止因孔深增加使负荷增大而产生孔内事故时，往往也需要变换孔径。而当地层松软易钻，孔深较浅、孔径较大的勘探开采孔，可以采用同径止水而不变换孔径。

在某些地质结构复杂的地区，可能在不太大的深度内出现数个含水层。这时如果均下套管止水，换径次数过多，就造成钻孔结构复杂，施工困难。此时就必须仔细研究该地区的地质条件和抽水试验（或开采条件）的要求，合理地采用有关技术措施，在确保优质、高产、低耗、安全的前提下，应尽量简化钻孔结构。

（四）止水技术

在水文地质钻探工作中，为了获取各含水层的水文地质资料和进行分层抽水试验，或为防止水质不良的含水层的地下水流入孔内，以及钻进时产生严重渗漏而影响正常工作，都必须进行止水工作。水文地质钻孔和供水钻孔的止水，一般均采用套管隔离，在止水的位置用止水材料封闭套管与孔壁之间的间隙。止水的部位应尽量选在隔水性能好及孔壁较完整的孔段。

1. 止水方法的选择

止水方法按不同的条件可分为临时性止水和永久性止水、同径止水和异径止水、管外和管内止水等方法。

止水方法的选择，主要取决于钻孔的类型（目的）、结构、地层岩性和钻探施工方法等多种因素。临时性止水应用于一个钻孔要对两个以上含水层进行测试，或该目的层取完资料后并无保存钻孔的必要时所采用的止水方法。永久性止水则用于供水井中，主要作用是封闭含有害水质的含水层。一般管外异径止水的效果较好，且便于检查，但钻孔结构复杂，各种规格管材用量大，施工程序复杂，多实用于含水层研究程度较差的勘探试验孔。管外同径止水或管外管内同径联合止水方法，钻孔结构简单，钻探效率较高，管材用量较少，但止水效果检查不便，多用于大口径的勘探开采孔或开采孔止水。

2. 止水材料的选择

止水材料必须具备隔水性好、无毒、无嗅、无污染水质等条件，还应根据止水的要求（暂时或永久）、方法及孔壁条件来确定，以经济、耐用又性能可靠为原则。临时止水的材料常用海带、桐油石灰、橡胶制品等；永久止水材料常用黏土、水泥、沥青等永久性材料。

（1）海带

海带具有柔软、压缩后对水汽不渗透、遇水膨胀等性能（它遇水两小时内体积剧增，四小时后趋于稳定，膨胀后体积增大 3~4 倍）。多用于松散地层与完整基岩钻孔做临时性止水材料。选作止水的海带以厚、叶宽、体长者为佳。

使用海带止水时，要求钻孔的直径比止水套管大 2~3 级。先将海带编成密实的海带辫子，缠绕在止水套管的外壁上，长度为 0.5~0.6m，最大直径应稍小于钻孔直径。海带束外部再包一层塑料网或纱布、棕皮等，两端用铁丝扎紧。下管时为防止海带束向上滑动，在海带束上端的套管上焊四条钢筋阻挡。操作时应迅速，防止海带中途膨胀。

海带止水的最大优点是当拔起止水套管时，海带容易破坏，因而减少了起拔套管的阻力。海带在异径止水的效果比较好。

（2）黏土

黏土因具有一定的黏结力和抗剪强度，经过压实后它具有不透水性，故在一些水头压力不高、流量不大的松散地层或基岩中作为止水材料。目前在松散地层的供水井永久性止水中普遍采用，其主要优点是操作方便，成本低，止水的效果可靠；其最大缺点是止水时如被钻具碰动，就会失去止水效果。在碎屑岩破碎带及水压大、流量大处不宜采用。

黏土止水一般是将黏土做成黏土球（直径 30~40mm），经阴干（内湿外干）后，投入孔内止水。黏土球投入的厚度一般为 3~5m。

（3）水泥

水泥是硬性的胶凝材料，它在水中硬化，能将井管与井壁的岩石结合在一起，具有较高强度和良好的隔水性能，广泛用于钻探施工中的护壁、止水、堵漏、封孔等工序。

水泥止水的效果好，但成本高、固结慢，不能做暂时性止水。其操作也较复杂，在配制水泥浆时，需要考虑所使用的水泥类型、标号、强度，还需要确定适合的水灰比，控制凝结时间；在操作时还需要进行洗井、送浆方法等多个工序。

水泥的种类很多，可以根据具体情况进行选择或加入各种添加剂。在水泥浆被送入孔中前，应进行洗孔换浆，以排除钻孔内的岩屑，清洗孔壁上的泥皮和清除孔内的泥浆。最后利用泥浆泵把水泥浆泵入井管与孔壁之间。泵入的方法一般采用从钻孔井管内径特殊的接头流到井管外的环状空间中去，也可直接用钻杆向套管外灌注。

3. 止水效果的检验

止水后，应采用水位压差法、泵压检查法、食盐扩散检查法或水质对比法等进行止水效果的检验。其中水位压差法是用注水、抽水或水泵压水造成止水管内外差，使水位差增加到所需值，稳定半小时后，如水位波动幅度不超过 0.1m 时，则认为止水有效；否则须找出原因，重新进行止水工作。

三、钻进方法及钻进过程中的观测编录工作

（一）钻进的方法

1. 钻进方法的选择

根据岩石可钻性，常规口径（91~172mm）1~6 级、大口径（219~426mm）1~4 级的岩石可用合金钻进；常规口径 7~9 级、大口径 5~9 级的岩石可用钢粒或牙轮钻头钻进。

卵砾石为主的地层，可采用回转钻进、大口径钢粒钻进或硬质合金钻头与钢粒混合钻进，一次成孔。在松软地层中进行大口径钻进时，可用冲击定深取样，刮刀钻头、鱼尾钻头无岩芯钻进并配合电测井。

2. 空气钻进技术

多工艺空气钻进技术（含空气泡沫钻进、空气潜孔锤、气举反循环等）被视为当代衡量钻探技术水平的重要标志之一。空气钻进技术的实质主要是用压缩空气代替常规钻进时用水或泥浆循环，起冷却钻头、排除岩屑和保护井壁的作用。

该项技术已先后应用于非洲、亚洲的多个国家。中国是贫水国家，尤其是西北地区更加干旱缺水。这一现状迫切要求在这一地区发展空气钻进技术。通过一系列研究与推广应用，中国现已能较全面地掌握和推广应用此项钻井技术。迄今中国已自行设计、生产了一系列用于空气钻进的钻机及配套机具和若干井内用泡沫剂，如能钻 300m 和 600m 的钻机、空气潜孔锤、气举反循环、跟套管钻进、中心取样钻进用的设备、管材、钻头等绝大部分实现了国产化，并有部分出口。

空气钻进技术的优点：①空气取之不尽，气液混合介质亦易制备，利于在干旱缺水、高寒冰冻、供水困难地区钻探施工，减少用水费用和成本；②空气或气液混合介质（气水混合、泡沫、充气泥浆等）密度低，明显降低对井底的压力，利于提高钻速；③空气或气液混合介质对不稳地层和复杂岩矿层、漏失层的钻进都有明显的效果，并对低压含水层有保护作用；④压缩空气除在井内循环作用外，还可作为动力源实现冲击回转（如空气潜孔锤）钻进，大幅度提高基岩井的钻井速度，并能克服水井常遇的卵砾层钻进困难；⑤空气在井内循环流速快，能迅速将井底岩屑（样）输至地表，利于及时判明井底情况；⑥空气在井内的循环方式可以根据需要采用正循环或反循环，当用气举反循环钻进时，可以施工较大口径和 2~3km 的深井。

3. 无固相冲洗液钻进技术

水文地质孔在含水层中钻进时，若该含水层段地层稳定性差，通常要采用优质泥浆护

壁钻进。然而由于泥浆中的黏土颗粒会造成含水层堵塞，抽水前不得不采用各种方法洗井，不仅耗时耗物，而且有时会因洗井效果不理想而影响水文地质资料的准确性。如果用清水钻进，则容易产生孔壁垮塌、埋钻等孔内事故。

钻探区的地层为：表层110m左右的冲积层，岩性多为灰白、灰绿色黏土，局部为没有胶结的细砂，孔壁很不稳定；冲积层以下是205m左右的泥岩、粉细砂岩互层，再往下则是煤层、泥岩、泥质砂岩所组成的煤系地层。其目的层为两个含水层，岩性均以泥质砂岩为主。按照水文地质设计要求，在含水层段钻进时不得使用泥浆，也不能使用清水钻进，否则会发生塌孔现象，甚至产生埋钻事故。煤系地层以下至终孔是45m左右的灰岩。

（1）无固相冲洗液使用机理

无固相冲洗液的良好性能是通过添加化学处理剂来实现的。高分子聚合物聚丙烯酰胺（PHP）不仅能絮凝钻屑，而且其分子链上的羧基（-COOH）可以加强水解聚丙烯酰胺和孔壁之间的吸附作用，所以有较好的稳定孔壁作用，而水玻璃（$Na_2O \cdot nSiO_2$）则是一种以Si-O-Si键连成的低聚合度聚合物，为黏稠状半透明体，pH值为11.5~12，水解后生成胶态沉淀，能促进沉渣；另外，水玻璃遇钙、镁、铁等离子会产生沉淀反应：

$$Na_2SiO_3 + Ca^{2+} \rightarrow CaSiO_3 \downarrow + 2Na^+$$

这不仅有助于沉砂，也能促进孔壁形成钙化层，使孔壁得到稳定。腐植酸钾（KHm）含有钾离子，在足够的浓度下，K^+对黏土矿物具有封闭作用，能使易水化膨胀的泥质岩层呈现较好的惰性。

（2）基本配方与室内试验

无固相冲洗液的基本配方：PHP 300~600ppm、$Na_2O \cdot nSiO_2$ 6%~8%、KHm1%。

浆液性能：漏斗黏度17s，密度1.02g/cm^3，pH值11，失水量为全失水。

室内试验：浸泡试验。目的是观察试样在浸泡时发生的变化（膨胀、变形及发生的时间）。浸泡岩样取自施工现场，与目的层易坍塌的泥质砂岩及泥岩岩性相同，将其粉碎后过100目筛，用水拌和后做成直径20mm，高25mm的圆柱，自然晾干而成。

（3）施工工艺

根据室内试验情况，用泥浆钻穿冲积层，下入M46护壁套管，继续用泥浆钻进至含水层顶板，换用聚丙烯酰胺—水玻璃—腐植酸钾无固相冲洗液，代替泥浆钻进，直至灰岩顶板，其间穿过两层煤和两个含水层，孔内一切正常，未发生掉块、坍塌等现象，孔内干净，钻具一下到底。进入灰岩后，由于灰岩裂隙发育，冲洗液全漏失，基于降低成本考虑，改用清水钻进至终孔（终孔深度540m左右），孔内未发生任何异常情况。

（二）钻进过程中的观测工作

为获取各种水文地质资料，在钻进过程中必须进行水文地质观测工作。须观测的项目有：(1) 冲洗液的消耗量及其颜色、稠度等特性的变化，记录其增减变化量及位置。(2) 钻孔中的水位变化。当发现含水层时，要测定其初见水位和天然稳定水位。(3) 及时描述岩芯，统计岩芯的采取率；测量其裂隙率或岩溶率。(4) 测量钻孔的水温变化值及其位置。(5) 观测和记录钻进过程中发生的涌水、涌砂、涌气现象及其起止深度及数量。(6) 观测和记录钻进的速度、孔底压力及钻具突然下落（掉钻）、孔壁坍塌、缩径等现象及其深度。(7) 按钻孔设计书的要求及时采集水、气、岩、土样品。(8) 在钻进工作结束后，按要求进行综合性的水文地质物探测井工作。

对以上在钻进过程中观测到的数据和重要现象，均要求反映在终孔后编制的水文地质钻探综合成果图表中。该图表主要包括钻孔的位置、钻孔结构及地层柱状图、地质-水文地质描述及在该孔中完成的各类试验，如测井曲线、水文地质试验图表、水质分析表等。

（三）钻进过程中的编录工作

水文地质钻探所取得的资料都要及时、准确、完整、如实进行编录。编录就是将钻探过程中所取得的一系列原始数据和观察的现象编辑并记录下来，作为技术资料保存和使用。编录以钻孔为单位进行，每一个钻孔都要有完整的编录资料，内容如下：

(1) 钻孔类型与钻孔位置。钻孔的类型是反映钻孔的用途（地质孔、抽水试验孔、勘探开采孔、长期观测孔等）。钻孔位置是说明钻孔的地理位置、地质与地貌位置、坐标位置及孔口地面高程。(2) 钻进情况。使用钻机种类、钻探工作类型、钻头种类、施工起止时间、施工单位、取样方法、取样深度与编号、岩芯采取率等。(3) 地层情况。地层名称、地质年代、变层深度、地层厚度及地层的岩性描述。(4) 观测与试验。冲洗液的消耗量、漏水位置，孔壁坍塌、掉块、掉钻、涌砂与气体逸出等的情况，取水样的位置、各含水层地下水的水位与水温、自流水水头与自流量；各含水层简易抽水试验的延续时间、水位下降、出水量、恢复水位高度与水位恢复时间；含水层颗粒的筛分结果；水质分析成果；隔离封闭含水层的止水效果；洗井方法及洗井台班数等。(5) 钻孔结构。钻孔的深度、钻孔直径（开孔直径、终孔直径及各部位直径）、钻孔斜度、下套管位置、套管种类与规格、井管材料种类与规格、滤水管位置、填砾规格、管外封闭位置、封闭材料及钻孔回填情况等。

最后将钻进过程中所有的成果资料汇总成钻探成果图表上报。

第七章　水文地质试验

第一节　抽水与压水试验

一、抽水试验

（一）抽水试验的目的与任务

（1）直接测定含水层的富水程度并评价井（孔）的出水能力。

（2）确定含水层的水文地质参数（K、T、μ、μ^* 等）。

（3）为取水工程设计提供所需水文地质数据，如影响半径（R）、单井出水量、单位出水量、井间干扰系数等；还可根据水位降深和涌水量为抽水井选择水泵型号。

（4）评价水源地的可（允许）开采量。

（5）查明其他手段难以查明的水文地质条件，如地表水、地下水之间及各含水层之间的水力联系或地下水补给通道和强径流带的位置等。

（二）抽水试验的类型

按井流公式，抽水试验可分为稳定流抽水试验和非稳定流抽水试验两种；若按抽水试验时所用的井孔数量，抽水试验可分为单孔、多孔及干扰井群抽水试验；若按试验的含水层数目，抽水试验可分为分层抽水试验和混合抽水试验。

（三）抽水试验的有关规定

《供水水文地质勘察规范》（GB 50027-2001）对抽水试验做了以下规定：

1．一般规定

（1）抽水孔的布置。应根据勘察阶段，地质、水文地质条件和地下水资源评价方法等多因素确定。在详查阶段，在可能富水的地段均宜布置抽水孔；在勘探阶段，在含水层（带）富水性较好和拟建取水构筑物的地段均宜布置抽水孔。

（2）在松散含水层中，可用放射性同位素稀释法或示踪法测定地下水的流向、实际流速和渗透速度等，了解地下水的运动状态。

（3）抽水试验观测孔的布置，应根据试验的目的和计算公式的要求来确定，并宜符合以下条件：①以抽水孔为原点，宜布置 1~2 条观测线。②仅有一条观测线时，宜垂直地下水流向布置；有两条观测线时，其中一条宜平行于地下水流向布置。③每条观测线上的观测孔宜为 3 个。④距抽水孔近的第一个观测孔，应避开三维流的影响，其距离不宜小于含水层的厚度；最远的观测孔距第一个观测孔的距离不宜太远，应保证各观测孔内有一定水位的下降值。⑤各观测孔的过滤器长度宜相等，并安置在同一含水层和同一深度。

（4）对富水性强的大厚度含水层，需要划分几个试验段进行抽水时，试验段的长度可采用 20~30m。

（5）对多层含水层，须分层研究时，应进行分层（段）抽水试验。

（6）采用数值法评价地下水资源时，宜进行一次大流量、大降深的群孔抽水试验，并应以非稳定流抽水试验为主。

（7）抽水试验前和抽水试验时，必须同步测量抽水孔和观测孔、观测点（包括附近的水井、泉和其他水点）的自然水位和动水位。如果自然水位的日动态变化很大时，应掌握其变化规律。抽水试验停止后，必须按规范的有关要求测量抽水孔和观测孔的恢复水位。抽水试验结束后，应检查孔内沉淀情况。必要时，应进行处理。

（8）抽水试验时，应防止抽出的水在抽水影响范围内回渗到含水层中。

（9）水质分析和细菌检验的水样，宜在抽水试验结束前采取。其件数和数量应根据用水目的和分析要求确定。

（10）水位的观测。在同一试验中应采用同一方法和工具。抽水孔的水位测量应读数到厘米，观测孔的水位测量应读数到毫米。

（11）出水量的测量，采用堰箱或孔板流量计时，水位测量应读数到毫米；采用容积法时，量桶充满水所需的时间不宜少于 15s，应读数到 0.1s；采用水表时，应读数到 $0.1m^3$。

2. 稳定流抽水试验的规定

（1）抽水试验时，水位下降的次数应根据试验的目的来确定，宜进行 3 次。其中最大下降值可接近孔内的设计动水位，其余两次下降值宜分别为最大下降值的 1/3 和 2/3。各次下降的水泵吸水管口的安装深度应相同（注：当抽水孔的出水量很小，试验时的出水量已达到抽水孔极限出水能力时，水位下降的次数可适当减少)。

(2) 抽水试验的稳定标准，应符合在抽水稳定延续时间内，抽水孔出水量和动水位与时间关系曲线只在一定的范围内波动，且没有持续上升或下降的趋势（注：当有观测孔时，应以最远的观测孔的动水位判定；在判定动水位有无上升或下降趋势时，应考虑天然水位的影响)。

(3) 抽水试验的稳定延续时间，宜符合：卵石、圆砾和粗砂含水层为 8h；中砂、细砂和粉砂含水层为 16h；基岩含水层（带）为 24h（注：根据含水层的类型、补给条件、水质变化和试验的目的等因素，可适当调整稳定延续时间)。

(4) 抽水试验时，动水位和出水量观测的时间，宜在抽水开始后的第 5min、10min、15min、20min、25min、30min 各测一次，以后每隔 30min 或 60min 测一次。而水温、气温观测的时间，宜每隔 2~4min 同步测量一次。

(四) 抽水试验设备

1. 抽水试验设备的类型及其适用条件

抽水试验的设备包括抽水设备、测量（水位、流量、水温等）器具、排水设备等。各抽水设备的优缺点见表 7-1。

表 7-1　水文地质勘探中常用的几种抽水设备优缺点对比表

抽水设备类型	应用条件	优点	缺点
提桶	水量小，资料精度要求不高的钻孔抽水	简易	波动大，准确性低
人力吸水式水泵	依靠大气压力吸水，要求动水位深度为 6~7m；其出水量为 0.5~2.0L/s，适用于水位浅、流量小的钻孔抽水	构造简单，安装方便，便于人力操作	水量不易保持均衡，资料精度不高；用吸水管作井管时无法测水位
拉杆式水泵	依靠活塞上下活动将水压出，适用于水位埋深 50~100m、出水量较小的钻孔抽水	吸程大、制造简单	较笨重；拉杆和活塞易损坏，不宜长时间抽水；活塞易被沙子卡住；出水量较小
往复式水泵	吸程小（7~8m），适用于出水量小的钻孔抽水	调整落程方便，适用于小口径钻孔	水量不易保持均衡，较笨重，需要较大的安装面积

续表

抽水设备类型	应用条件	优点	缺点
离心泵	适用于流量大、水位埋藏浅、口径较大的钻孔或泉水口抽水	扬程大、流量大；出水较均匀	吸程小（仅 6~7m）
射流式水泵	适用于水量不大、水位在 60m 内的小口径钻孔抽水	结构简单，可自制	调整落程不方便，影响水位测定
深井泵	适用于水位埋深、水量和孔径都较大的钻孔	出水均匀；扬程大；工作时间长；资料精度高	安装复杂，测水位不方便，需要电源，不能抽浑水，要求井径大、井直
潜水泵	适用于水位埋深、水量和孔径都较大的钻孔	出水均匀；扬程大；工作时间长；资料精度高	安装复杂，测水位不方便，需要电源，不能抽浑水，要求井径大、井直
空压机	适用于水位埋深、水量大的钻孔	能起洗井和抽水双重作用	效率低，耗能大；水位波动大；出水量不均匀

2. 测水用具

抽水试验时所用的测水用具包括水位计、流量计、水温计。

水位计的种类很多，常用的是电测水位计，电测水位计可用万能表自制。使用时，把探头下到井内使之接触水面，在水的导电下，电路连通，水位计发出信号，据以确定水位。其信号可以是光的、声的或插针摆动。由于探头直径小，只需井内存在 2~3cm 的间隙即可测量。其测量深度可达 100m，误差小于 1cm。

流量计有三角堰、梯形堰、矩形堰、量桶、流量箱、缩径管流量计、孔板流量计等类型。目前生产中所用的主要是量水容器、堰箱和孔板流量计。堰箱是前方为三角形或梯形切口的水箱，箱中有 2~3 个促使水流稳定的带孔隔板。水自箱后部进入，从前方切口流出。堰箱适用于 100L/s 以内、流量连续而又很不稳定的空压机抽水试验时的流量测定，计算公式：

三角堰：

$$Q = 0.014H^{5/2}\ (Q < 360\text{m}^3/\text{h})$$

式中：Q——流量，L/s；

H——三角堰堰口尖端至水面的垂直距离，cm。

梯形堰：

$$Q = 0.0186bH^{3/2}\ (Q < 1000\text{m}^3/\text{h})$$

式中：Q ——流量，L/s；

b ——梯形堰堰口底边宽度，cm；

H ——堰口底边至水面的距离，cm。

矩形堰：

$$Q = 0.01838(b - 0.2H)H^{3/2} \ (Q > 1000\text{m}^3/\text{h})$$

式中：Q ——流量，L/s；

b ——梯形堰堰口底边宽度，cm；

H ——堰口底边至水面的距离，cm。

（五）抽水试验的现场工作

1. 准备工作

准备工作主要包括抽水设备、机具、测量工具的检修和安装，排水系统的设置及准备各种观测记录表格。空压机安装时应在各管路的丝扣部分涂抹油料，以免抽水时发生漏水、跑气。

2. 现场的观测、记录和取样

抽水试验过程中，须观测记录以下内容：

（1）测量抽水试验前后的孔深。进行此工作的目的是核查抽水段深度、层位、孔是否坍塌、沉淀和淤塞。淤塞严重会影响资料的精度，引起井类型的变化（如由完整井转变为非完整井）。

（2）观测天然水位、动水位及恢复水位。主孔和观测孔的水位应同时观测。当天然水位波动较大（精度要求又高）时，应在影响范围外或较远处设孔，观测整个试验期间水位的天然波动值。必要时可以根据这些观测值对试验降深进行校核。试验结束后，应按要求观测恢复水位。对于整个观测期间所出现的可能引起水位波动的因素都须记录，如设备的、动力的、机车行驶的震动，爆破，地震或降水等情况。

（3）观测流量。水位、流量应同时观测。

（4）观测记录气温、水温。通常每隔 2~4h 观测一次。

（5）在抽水试验结束前，取水样做水质分析。如抽水过程中出现水的物理性质发生变化，也应观测，必要时应系统取样化验。当试验是为确定水力联系或研究咸淡水关系的变化时，应系统取样化验。

二、压水试验

压水试验是最常用的在钻孔内进行的岩体原位渗透试验。具体做法是在钻进过程中或钻孔结束后，用栓塞将某一长度的孔段与其余孔段隔离开，用不同的压力向试段内送水，测定其相应的流量值，并据此计算岩体的透水率。压水试验成果主要用于评价岩体的渗透特性（透水率大小及其在不同压力下的变化趋势），并作为渗控设计的基本依据。

（一）压水试验的方法和类型

（1）按试验段，可分为分段压水试验、综合压水试验和全孔压水试验。

（2）按试验压力，划分为低压压水试验和高压压水试验。

（3）按加压的动力源，可划分为水柱压水法、自流式压水法和机械法压水试验。

（二）压水试验的基本规定

1. 试验方法和试验段长度

（1）试验方法

钻孔压水试验应随钻孔的加深自上而下地用单栓塞分段隔离进行。岩石完整、孔壁稳定的孔段，或有必要单独进行试验的孔段，可使用双栓塞分段进行。

（2）试验段的长度

一般为5m，试验段是编制渗透剖面图的基本单位。压水试验所求得的透水率是试段的平均值。如果试段过长，势必影响成果的精度；如试段过短，又会增加压水试验的次数和费用。对于含水层破碎带、裂隙密集带、岩溶洞穴等的孔段，应根据具体情况确定试段长度。

2. 试验钻孔

（1）孔径

孔径宜为59~91mm。试验钻孔的孔径对压水试验成果虽有影响，但一般说来这种影响很微小，可以忽略不计。但如果孔径特大或特小，其渗流的边界条件的差异就较大，因此，在将这类钻孔的压水试验成果与常规直径钻孔的压水试验成果做对比之前，应进行专门的试验论证。

（2）钻进方法

应采用金刚石或合金钻进，不应使用泥浆等护壁材料，否则会使孔壁附上一层泥膜，堵塞裂隙。在碳酸盐岩地层钻进时，也应选用合适的冲洗液。试验钻孔的套管脚必须止水。

在同一地点布置两个以上钻孔（孔距在10m以内）时，应先完成将要做压水试验的钻孔。因为如果钻孔相距过近，压水试验时易产生水流串通而影响试验成果的真实性。

（三）压水试验的设备及要求

1. 止水栓塞

要求止水栓塞的长度不小于试验钻孔孔径的 8 倍，并应优先选用气压式或水压式栓塞。止水栓塞要有足够的长度才能保证栓塞附近岩体的渗流能稳定，同时相关试验也表明，当栓塞长度达到 7.5 倍钻孔孔径时，绕渗量增加的速度减缓，再加长些也无多大意义。气压式或水压式栓塞的共同优点是胶囊易与孔壁紧贴，即使在孔壁不太平直的情况下，也能实现面接触，且栓塞较长、止水可靠性好，对不同孔径、孔深的钻孔均能适应，操作比较方便。

2. 供水设备

基本要求是压力稳定、出水均匀，在 1MPa 压力下流量能保持 100L/min。不过上述供水能力只能使岩体透水率小于 20Lu 的试验段达到预定的最大试验压力 1MPa。因此，当岩体透水性普遍较大时，应选用供水能力更大的水泵。如能满足试验压力的要求，可选用电动离心泵。如果要采用往复式水泵时，应在出水口处安设容积不小于 5L 的稳压空气室，以提高出水口压力的稳定性。

为了保持试验用水清洁，吸水龙头外应包裹 1~2 层孔径小于 2mm 的过滤网，并与水池底部保持不小于 0.3m 的距离。供水调节阀门应灵活可靠、不漏水且不宜与钻机共用。

3. 量测设备

（1）测压工具

测压工具包括压力表或压力传感器。压力表仍是目前的主要测压工具，为了保证量测精度，压力表的量测范围应控制在极限压力值的 1/3~3/4。鉴于吕荣试验所用的压力值变化幅度较大，为满足上述要求，试验期间应更换压力表。当用压力传感器测定试验压力时，其量测范围应大于最大试验压力。

（2）测流量工具

应采用自动记录仪。在压水试验的降压阶段，有时会出现回流，为了记录回流情况和消除回流的影响，要求流量计能测定正、反向流量。如用普通水表做压水试验，在试验压力较大时，可能不能正常工作。自动记录仪能同时测量压力和流量。

（3）地下水位量测设备

采用水位计。要求水位计的测头绝缘良好，能灵敏可靠地反映地下水位的真实位置，不受孔壁附着水或孔内水滴的影响。其导线的要求是易变形伸长。

（四）现场试验

现场的试验工作包括洗孔、下置栓塞隔离试验段、水位测量、仪表安装、压力和流量观测等步骤。

1. 洗孔

应采用压水法。洗孔时钻具应下到孔底，流量应达到水泵的最大出力。洗孔工作应进行到孔口回水清洁，肉眼观察无岩粉时方可结束；当孔口无回水时，洗孔时间不得少于 15min。

2. 试段隔离

下栓塞前应对压水试验工作管进行检查，不得有破裂、弯曲、堵塞等现象。接头处应采取严格的止水措施。为了提高试验段隔离的质量，除要求止水栓塞的性能良好外，还应使栓塞位于岩石较完整处。下置栓塞时塞位确定要准确，避免漏段。

当试验段隔离无效时，应分析原因，采取移动栓塞、更换栓塞或灌制混凝土塞位等措施，不允许轻易放弃该段的试验。移动栓塞时只能向上移，其范围不超过上一次试验的塞位。

3. 水位观测

下栓塞前应首先观测一次孔内水位，试验段隔离后，再观测工作管内的水位。工作管内水位应每隔 5min 观测一次。当水位下降速度连续两次均小于 5cm/min 时，观测工作即可结束。用最后的观测结果确定压力计算零线。

观测过程中如发现承压水时，应观测承压水位，当承压水位高于出水管口时，应进行压力和涌水量观测。

4. 压力和流量观测

在向试验段供水之前，应开启排气阀，使管路充分排气，待排气阀连续出水后，再将其关闭。然后再开始试验。

流量观测时应先调整好节阀，使试验段的压力达到预定值并保持稳定。流量的观测工作应每隔 1～2min 观测一次。当流量无持续增大趋势，且五次流量读数中最大值与最小值之差小于最终值的 10%，或最大值与最小值之差小于 1 L/min 时，本压力阶段的试验即可结束，取最终值作为计算值。

将试验段压力调整到新的预定值，重复上述试验过程，直至完成该试验段的试验。在降压阶段，如出现水由岩体向孔内回流的现象，应记录回流情况，待回流停止，流量无持续增大趋势（五次流量读数中最大值与最小值之差小于最终值的10%，或最大值与最小值之差小于1L/min时）时，方可结束本阶段的试验。

在压水试验过程中，当试验压力由高压力转换到较低压力时，有时会出现水从岩体流入钻孔的现象，这种现象称为回流。产生回流现象的原因，是在试验压力下降的瞬间，钻孔附近岩体内的水压力暂时高于试验段压力，因而使水自岩体流出。这个过程一般持续数分钟至十余分钟。随着岩体内水压力逐渐下降，回流量渐减至零。当岩体内水压力继续调整至低于试验压力之后，水重新流向岩体，并随着压力调整结束而趋于稳定。在压水试验过程中，如发现回流，应尽量详细记录有关情况（包括回流时间、回流量等），以便积累资料。尤其重要的是，切不可把流量从负经零到正这个变化过程中的暂时停滞误认为是该试段流量为零。

为了解岩体裂隙连通情况和压水试验的影响范围，在试验过程中，应对试验钻孔附近的露头、井、硐、孔、泉等进行观测（包括出水位置、水位、流量等），必要时可配合使用示踪剂。

（五）压水试验的适用条件

压水试验一般用于下列情形：

（1）裂隙不发育的包气带的岩层。此时，由于无水可抽，无法利用抽水试验求参。另外，由于岩层的裂隙微小，若用钻孔注水试验则没有那么大的水压力把水注入岩层的小裂隙中。此时用压水试验是最佳选择。

（2）地下水位以下、透水性差的岩层。如板岩、片岩、页岩、微风化或未风化的硬质岩等。由于这些岩层的裂隙小，含水量少，即使用小流量抽水，也会引起井水位的急剧下降并无法达到稳定降深。因此，不能用抽水试验求参，只能选择压水试验。

需要提醒的是：①在松散的孔隙介质内，以及全-强风化的破碎岩层、断层破碎带等岩体内，不能进行压水试验，因为在巨大压力下（如1 MPa），土层会被极大地扰动（挤压、挤走土颗粒），钻孔周围土层的孔隙结构被改变，甚至会在测试的土层内形成大的空洞或通道；②对于地下水位以下，富水性中-强的裂隙含水层中，尽量采用抽水试验，因为抽水试验所形成的降落漏斗往往要比压水试验的大；③压水试验需要有足够的水量，如果钻孔附近无水源，试验也难以进行。

第二节　渗水与水注试验

一、渗水试验

渗水试验是野外测定包气带非饱和岩（土）层渗透系数的简易方法。利用渗水试验，可提供灌溉设计、研究区域水均衡及计算山前地区地表水渗入量等。

（一）渗水试验方法

渗水试验最常用的方法有试坑法、单环法和双环法。

1. 试坑法

试坑法是在表层土中挖一试坑进行的渗水试验。坑深 30~50cm，坑底面积 30cm^2 见方（或直径为 37.75cm 的圆形）。坑底离潜水位 3~5m。坑底铺设 2cm 厚的砂砾石层。试验开始时，控制流量连续均匀，并保持坑中水层厚（z）为常数值（如 10cm）。当注入的水量达到稳定并延续 2~4 小时，试验即可结束。

当试验岩层为粗砂、砂砾或卵石层，可控制坑内水层的厚度 z 为 2~5cm。

渗水试验时，入渗水的水力梯度 I 为：

$$I=\frac{H_k+z+L}{L}\approx 1$$

则入渗系数可为：

$$K=\frac{Q}{F}=V$$

式中：Q——稳定的入渗流量，cm^3/min；

F——试坑的渗水面积，cm^2；

H_k——毛细压力水头，cm；

L——试验结束时水的入渗深度，cm，可由试验结束后利用麻花钻（或其他钻具）探测确定；

K——入渗系数，cm/min。

2. 单环法

单环法是在试坑底嵌入一高为 20cm、直径为 37.75cm 的铁环，该铁环圈定的面积为 1000cm^2。在试验开始时，用 Mariotte 瓶控制铁环内水层厚度，使之保持在 10cm 高度附近。试验一直进行到渗入水量 Q 固定不变时为止，就可按下式计算此时的渗透速度 V：

$$V = Q/F = K$$

式中：渗透速度 V 此时等于该岩（土）层的渗透系数 K，cm/min；

F——入渗面积，cm^2；

Q——渗入水量，cm^3/min。

此外，尚可通过系统地记录各个时间段（如 30min）内的渗水量，据此编绘出渗透速度的历时曲线图。

3. 双环法

双环法是在试坑底嵌入两个铁环，外环直径采用 0.5m，内环直径采用 0.25m。试验时往铁环内注水，用 Mariotte 瓶控制外环和内环的水柱一直保持在同一高度（如 10cm）。根据内环所取得的资料按上述方法确定岩（土）层的渗透系数。由于内环中的水只产生垂向渗入，已排除了侧向渗流带来的误差，因此该法获得的成果精度比试坑法和单环法都较高。

（二）根据渗水试验资料计算岩（土）层渗透系数

当双环法渗水试验进行到渗入的水量趋于稳定时，就可按下式计算渗透系数 K（cm/min）（已考虑了毛细压力的附加影响）：

$$K = \frac{Q}{FI} = \frac{QL}{F(H_k + z + L)}$$

式中：Q——稳定渗入水量，cm^3/min；

F——试坑（内环）渗水面积，cm^2；

z——试坑（内环）中水层高度，cm；

H_k——毛细压力水头，cm；

L——试验结束时水的渗入深度，cm。

如果渗水试验进行到相当长时间后渗入量仍未达到稳定，则 K 按下式计算：

$$K = \frac{V_1}{Ft_1\alpha_1}[\alpha_1 + \ln(1 + \alpha_1)]$$

其中：

$$\alpha_1 = \frac{\ln(1 + \alpha_1) - \frac{t_1}{t_2}\ln\left(1 - \frac{\alpha_1 V_2}{V_1}\right)}{1 - \frac{t_1 V_2}{t_2 V_1}}$$

式中：V_1、V_2——经过 t_1 和 t_2 时间的总渗入量，即总给水量，m^3；

t_1、t_2——累积时间，d；

F——试坑（内环）的渗水面积，m^2；

α_1——代用系数，由试算法求出。

《水利水电工程注水试验规程》（SL 345-2007）在试坑双环注水试验中规定，土的渗透系数按下式进行。即：

$$K = \frac{16.67Qz}{F(H + z + 0.5H_a)}$$

此式与式 $K = \frac{Q}{FI} = \frac{QL}{F(H_k + z + L)}$ 本质是一样的。

式中：K——试验土层的渗透系数，cm/s。

Q——内环的注入流量，L/min。

F——内环的底面积，cm^2。

H——试验水头，cm。坑内水头一般采用 10cm。

H_a——试验土层的毛细上升高度，cm。

z——从坑底算起的渗入深度（用麻花钻确定），cm。

16.67——单位换算系数。

在渗水试验中，应定时、准确地观测给水装置中所注入的水量。观测时间通常为渗水后的第 3min、5min、10min、15min、30min 各观测 1 次，以后每隔 30min 观测 1 次，直到流量达到稳定后 2~4h。

二、钻孔注水试验

根据注入井的水头变化，可把注水试验分为两大类，即常水头注水试验和降水头注水试验。

钻孔注水试验设备有：①供水设备，水箱、水泵；②量测设备，水表、量筒、瞬时流量计、秒表、米尺等；③止水设备，套管、栓塞；④水位计，电测水位计。

（一）常水头注水试验

（1）试段不能用泥浆钻进；孔底沉淀层厚度不应大于 10cm；应防岩土层被扰动。

（2）在进行注水试验前，应进行地下水位观测，水位观测间隔为 5min，当连续两次观测的数据变幅小于 10cm 时，水位观测即可结束。用最后一次观测值作为地下水位初始值。

（3）试段止水采用栓塞或套管脚黏土等止水方法，应保证止水可靠。对孔壁稳定性差的试段宜采用花管护壁；同一试段不宜跨越透水性相差悬殊的两种岩土层，试段长度不宜大于5m。

（4）试段隔离后，应向套管内注入清水，使套管中水位高出地下水位一定高度（或至孔口）并保持固定不变，用流量计或量筒测定注入的流量。

（5）量测应符合下列规定：①开始每隔5min量测一次，连续量测5次；以后每隔20min量测一次并至少连续量测6次。②当连续两次量测的注入流量之差不大于最后一次注入流量10%时，可结束试验。取最后一次注入流量作为计算值。

（6）当试段的漏水量大于供水能力时，应记录最大供水量。

（二）降水头注水试验

降水头注水试验适用于地下水位以下的粉土、黏性土层或渗透性较小的岩层。其试验设备与钻孔常水头方法相同。

（1）试段不能用泥浆钻进，孔底沉淀层厚度不应大于10cm，应防岩土层被扰动。

（2）在进行注水试验前，应进行地下水位观测，水位观测间隔为5min，当连续两次观测的数据变幅小于10cm时，水位观测即可结束。用最后一次观测值作为地下水位初始值。

（3）试段止水采用栓塞或套管脚黏土等止水方法，应保证止水可靠。对孔壁稳定性差的试段宜采用花管护壁；同一试段不宜跨越透水性相差悬殊的两种岩土层，试段长度不宜大于5m。

（4）试段止水后，应向套管内注入清水，使管中水位高出地下水位一定高度或至套管顶部作为初试水头值。

（5）管内水位的观测应符合下列规定：①开始间隔时间为1min，连续观测5次；然后间隔时间为10min，观测3次；后期观测间隔时间应根据水位下降速度确定，可按30min间隔进行。②在现场应用半对数坐标纸绘制水头比与时间的关系曲线。当水头比与时间关系不成直线时，应进行检查并重新试验。③当试验水头降到初试水头0.3倍或连续观测点达到10个以上时，即可结束试验。

（三）根据水工建筑部门的经验求参

钻孔注水试验方法恰好与抽水试验相反。在注水试验过程中往钻孔中注水，使孔中水位抬高，造成水流由钻孔内向外周含水层运动，形成一个以钻孔为中心的反漏斗曲面。往孔中注入一定的水量，使钻孔中的水位提高到一定的高度。在常水头注水试验中，当其水位和注水量稳定时，则可按注水井公式计算岩层的渗透系数。

因此，常水头注水试验公式的推导过程与抽水井的裘布依公式的原理相似。其不同点仅是注水时由于注入的水是沿井壁向外流的，故水力坡度为负值。连续往孔内注水，形成稳定的水位和常量的注入量。注水的稳定时间因目的和要求不同而异，一般延续 2~8h。根据水工建筑部门的经验，在巨厚且水平分布宽的含水层中做常水头注水试验稳定时，可按下面两式计算渗透系数 K：

当 $l/r \leqslant 4$ 时：

$$K = \frac{0.08Q}{rs\sqrt{\frac{l}{2r} + \frac{1}{4}}}$$

当 $l/r > 4$ 时：

$$K = \frac{0.366Q}{ls}\lg\frac{2l}{r}$$

式中：l ——试验段或过滤器的长度，m；

Q ——稳定注水量，m^3/d；

s ——孔中的水头高度，m；

r ——钻孔或过滤器的半径，m。

在不含水的干燥岩（土）层中注水时，如果试验段高出地下水位很多，介质为均质介质，且 $50 < h/r < 200$，孔中水柱高 $h \leqslant l$ 时，可按下式计算渗透系数 K 值：

$$K = 0.423\frac{Q}{h^2}\lg\frac{2h}{r}$$

式中：h ——注水引起的水头高度，m。

其余字母意义同前。

（四）注水试验的适用条件

由于注水试验前并未经洗孔过程，故所测的渗透系数比抽水试验测的渗透系数为小，且注水试验的影响范围远小于抽水试验的降落漏斗。因此，注水试验一般仅用在：

（1）对包气带土层进行测试，因为包气带内无水不能做抽水试验。

（2）虽然位于地下水位以下，但土层的透水性弱（如粉土层、含黏土的卵石层等）。由于这种土层的含水量很小，即使进行小流量的抽水也会引起水位的急剧降落，且难以达到稳定降深，此时进行抽水试验求参有困难。

需要提醒的是：①对于包气带中的岩层，应优先使用压水试验，但对于不能进行压水试验的风化、破碎、断层破碎带等岩体除外；②对于位于地下水位以下、透水性大的岩（土）层，则优先选择抽水试验求参；③钻孔注水试验需要足够的水量，如果钻孔附近无水源，试验也难以进行。

第三节　连通与弥散试验

一、连通试验

（一）连通试验的目的

连通试验可用来查明岩溶地区以下方面：（1）岩溶水的运动方向、速度；（2）地下河系的连通延展、分布情况；（3）地表水与岩溶水转化关系；（4）各孤立岩溶水点之间关系；（5）探明岩溶水的流场类型、结构、规模；（6）估算岩溶管道水流的流速、流量、容积、串联地下湖数量等流场参数；（7）求取岩溶水分散流场的岩溶率及渗透系数。

连通试验应在地质调查的基础上，在地质依据已确认有连通性的地段进行，否则容易出现试验失败。

（二）连通试验的种类

根据岩溶通道的形状特征、贯通情况、流量大小、流速快慢及试验段长度等条件，可选用以下方法：

（1）水位传递法：利用岩溶的天然通道或钻孔进行闸水、放水、堵水、抽水或注水，观察上下游通道及钻孔内水位、水量、水色的变化，以判断其连通性。

（2）对于无水溶洞之间的连通性，可选用烟熏、放发烟弹或灌水等方法测定。

（3）示踪剂法：也称为示踪连通试验。按照示踪剂的投放点和接收点数量及组合方式，示踪连通试验又细分为以下四个亚类：①单点投放—单点接收；②单点投放—多点接收；③多点投放—单点接收；④多点投放—多点接收。

（三）示踪剂的种类

示踪剂的选择关系到示踪连通试验成败，在选用示踪剂时要考虑两方面因素：首先，使用的示踪剂必须是安全无毒的，对环境没有污染，能在自然环境中自然衰减；其次，示踪剂又要具有足够的稳定性，受环境影响较小，可以溶于水，但又不改变流场中各种水文参数。

示踪剂的种类很多，最早为浮标法，即采用谷糠、锯木屑、油料、黄泥水等做指示剂，现改为可以定量测定浓度的盐类、荧光染料类、放射性同位素。荧光素钠具有易溶于水、廉价、无毒、吸附性很低、很低的检测限和低背景值等优点，缺点是在太阳光的照射下易分解；曙红吸附性较低，罗丹明 B 吸附性强，罗丹明 MT 吸附性中等，这三者检测限均为 $10^{-2}\mu g/L$。

早期仅起浮标作用的指示剂只能凭肉眼的观测来判断岩溶管道的连通与否。由于这类指示剂不能做浓度的定量测定，故无法根据其回收率的大小来判断指示剂是否有流失现象，进而无法判断出岩溶管道是否中途分叉。后期采用了能定量测定浓度的指示剂后，不仅可判断出岩溶管道是否中途分叉，还可以据试验结果推算出岩溶水管道流的流速、流量、容积等参数，甚至还能根据试验结果求取岩溶水分散流场的岩溶率及渗透系数。

（四）根据示踪剂浓度-时间曲线的峰值特征来了解岩溶管道的结构特征

1. 单管道的浓度-时间曲线

由于溶质在含水介质中受到水动力弥散作用的影响，因此在理论上，如果投放点到监测点之间只有一条径流通道，则其监测点所观测到的浓度-时间关系曲线应为一单峰曲线。

2. 单管道带地下湖的浓度-时间曲线

如果地下河管道单一，但管道中间存在地下湖时，示踪剂就会在地下湖中被稀释。如果有多个地下湖，则示踪剂会被多次稀释，结果导致示踪剂的运动时间增长。地下湖除了推迟示踪剂到达接收点的时间外，还使示踪剂的浓度变化曲线的下降段拖得很长。

3. 多管道的浓度-时间曲线

如果所获得的示踪剂的浓度-时间曲线出现多个峰值，它就表示投放点与接收点之间的联系有多条管道，峰值的数量与管道的数量是对应的。产生多个峰值的原因主要是各条支管道长短不一、宽窄大小不一、弯曲情况也不同，导致了示踪剂在管道中运移的时间不一样，到达接收点的时间有差异。

根据峰的叠加情况不同，又细分为以下两种形态：①连续峰型，其主要特点是后峰大于前峰，这主要是因为两管道的长度不同或管道中地下水流速不同，使得前一管道中示踪剂还没完全消退，第二个管道中的示踪剂就接着出现，导致第一峰的尾部与第二峰的头端叠加。②离散峰型，在浓度-曲线关系曲线上，各峰呈间歇性的脉冲状出现，前峰与后峰之间不相互叠加，各峰均独立出现。这类曲线主要出现的原因是：各管道的长度相差较大，前一个管道内的示踪剂完全流出接收点后，下一个管道内的示踪剂才流到接收点，前后峰不能叠加，故而呈现出各个孤立的峰。

4. 管道并带有地下湖的浓度-时间曲线

如两个管道中有一个管道带有地下湖时，图中的浓度曲线有两个峰值（表示有两条管道）。第一个峰值较高且峰尖，第二个峰被削平，在峰尖处出现一个平台，该平台显示出第二支管道穿越地下湖，其示踪剂被稀释了。

如果多条管道中都有地下湖时，示踪剂的浓度-时间曲线就由高低不等的几个平台所组成。

（五）地下河流量的测算

如果投放点和接收点之间为单一管道，且管道中的岩土对示踪剂的吸附量很小并可忽略不计时，可根据示踪剂的投放质量与接收质量相等的原理来测算出地下河管道的流量，即：

$$Q = \frac{W}{A}$$

式中：Q ——接收点处的地下河流量，L/min；

W ——示踪剂投放的总质量，mg；

A ——接收浓度。

若有 n 个接收点都能接收到示踪剂，则式 $Q = \frac{W}{A}$ 就变成：

$$W = \sum_{i=1}^{n} A_i Q_i$$

式中：Q_i ——第 i 个接收点处的地下河流量，L/min；

A_i ——第 i 个接收点处的浓度-时间关系曲线所包围的阴影面积，mg/（L・min），可通过作图法求得；

W ——示踪剂投放的总质量，mg。

二、弥散试验

弥散试验的主要目的是求得水动力弥散系数。弥散试验分室内和室外两种。迄今很多学者都研究发现室内测定的弥散参数远小于室外测定的值，有些甚至小几个数量级，其原因主要是室内试验一般使用的是均质材料，而野外试验则地层结构复杂，大多是非均匀且各向异性介质，因此室内试验不能完全代表野外弥散试验的情况。故这里只介绍野外二维弥散试验及其解析解问题。

（一）试验方法

（1）流速场的选择。通常采用的流速场有三种，分别是天然流场、人工流场和混合流场。若试验场区内地下水流向稳定，流速均匀，且水力坡降较理想，则可采用天然流场；若不具备以上条件，可采用人工流场；若人工流场流速较小，天然流速不可忽略时，则变成了混合流场。

（2）试验井的部署。如果是利用天然流场，须事先根据等水位线图确定地下水流方向，然后在地下水流的方向上（x 轴上）布置至少一个观测井，此外还须在 x 轴外布置至少一个观测孔。由于示踪剂沿地下水流方向（x 方向）的扩散范围远大于与流向的垂直方向（y 方向），故侧面监测井应该在与 x 轴夹角呈 7°～8°方向上布置。投剂孔与观测孔之间的距离大小，取决于含水层的透水性，一般细砂为 2.5m，粗砂砾石为 5～10m。

（3）示踪剂的种类选择。示踪剂要选择无毒、不易被含水介质吸附的种类。一般选择以 NaI 为载体的 ^{131}I 放射性同位素，因为 ^{131}I 能释放 β 和 γ 射线，可用闪烁探测器监测。选择 ^{131}I 为示踪剂时，为了减少含水介质对 ^{131}I 的吸附，须在 NaI^{131} 中掺入大量的含有常规同位素的 NaI^{127}。示踪剂也可以选用氯化钠，不仅因为 Cl 不易被含水介质所吸附、试剂成本低、对人畜无害，更重要的是盐水能用电导率仪器监测，免去取井水样做检测的麻烦。

（4）示踪剂的投放。先用足够的井水完全溶解示踪剂，且一定要把含有示踪剂的溶液投放到目的层中。投放时刻开始计时，定时取样监测（或探头探测）观测井中示踪剂的浓度。

（二）求参方法

目前，确定二维地下水动力弥散参数的方法有直线图解法、逐点求参法、标准曲线配线法等。

第四节 地下水流向和实际流速的测定

一、根据等水位线图确定

当有等水位线图时，可根据等水位线图来确定地下水的流向和流速，否则应在试验地段布置 3 个钻孔（布置成近等边三角形），揭露地下水，并测量各孔的水位标高，绘制出流网图，然后根据流网图来判断流网内任何一点的地下水流向。三个孔间距一般取50～150m。

地下水流向的确定：先利用线性插值绘制出等水位线，然后依据均质各向同性介质流网图中流线与等水位线相正交的原理绘制出流线，流线上箭头所指的方向为水位降低的下游方向。

地下水的流速可根据达西定律求得，即：

$$v = KI = K\frac{\Delta H}{L}$$

式中：v ——地下水的渗透流速，m/d；

ΔH ——1#孔与下游2#孔之间的水位差，m；

L ——1#孔与下游2#孔之间的距离，m；

K ——含水层的渗透系数，m/d。

地下水的实际流速 u ，可用下式求得：

$$u = v/n_e$$

式中：n_e ——含水介质的有效孔隙率；

v ——地下水的渗透流速，m/d。

需要指出的是利用这种方法求得的地下水实际流速值误差很大：一是因为含水介质的有效孔隙率用的是经验值，而非实测值；二是因为实际含水层的地质条件十分复杂，是非均质、各向异性的。

二、自然电场法

自然电场法只能确定地下水的流向，不能用于确定地下水的流速。

地下水通过岩层中的孔隙、裂隙、管道渗透或流动时，由于岩层中颗粒的吸附作用，使流动水溶液中的正负离子发生变化而形成自然电场（或称过滤电场）。自然电场法是通过观测研究自然电场的分布规律来解决地质问题的方法。由于自然电场电流场强度小、电极极化等，测量电极须用不极化电极。

自然电场法按观测方法又分为电位法和电位梯度法。测定地下水流向须用电位梯度法。

电位梯度法是测量相邻两个测点之间电位梯度的方法。常用“8”字形法（又称环形电位梯度法）。其原理是：根据过滤电场的原理，在地下水流动方向上两测点间的电位差最大，而在垂直流向的方向上，两测点间的电位差最小，甚至为零，在其他方向则为过渡状态。

电位梯度法只有当地下水位埋藏较浅、流速足够大，并有一定的矿化度时才取得良好效果。利用电位梯度法可判定岩溶管道中的地下水流向，还可判定滑坡体内地下水的活动情况。

三、充电法

利用充电法测定地下水的流速和流向在我国水利工程建设中已被广泛应用，多年来的实践证明，它比其他方法简单，只要测区内有民用井或钻孔就可以进行，也不用什么复杂的设备，只需一部自制的简易电位计和 20kg 左右的食盐即可施测。一般施测只需 12 小时（流速较大地区 6~8h）即可。

利用充电法测定地下水的流速流向时要注意以下八点：

第一，水井（钻孔）的选择：必须选择富有代表性的井孔，同时还要注意含水层的岩性是否均匀。井的直径也应当选择最小的，以减少食盐的消耗量。

第二，为了正确确定地下水的流向，可在观测第二次以后在反应异常的方向上增加测线 2~4 条，以便找出最大突出点。

第三，大致确定测区的含水层岩性以后，应掌握观测时间。观测时间和含水层的颗粒粗细成反比。为了证实资料的准确性，放盐后要观测 2~3 次。

第四，在冬季或水温较低的地区做充电法时，最好先把一部分食盐（5kg），用温水溶解后再注入井内，这样可以节省观测时间。测区内冻土层较厚（超过 1m）时，可以根据含水层的岩性，大致定出测量时的 M 极所在的位置，进行小爆破揭开冻土层，这样可以提高工作效率。

第五，在有自流井分布的地区测定地下水流速和流向时，必须把井管加高，使套管高出静水位后才能放入食盐，否则食盐溶液将随水流出注盐井外。

第六，在淡水和流速较大地区，等电位线的变化较为明显；而在地下水流停滞区等电位线不明显，放盐后所测得的等电位线为一近似等半径的圆。

第七，放在井中的盐袋不要等食盐全部溶解后再加，应不断增加食盐。在盐添加时还可观测食盐的消耗量的变化。

第八，当工作区只有一个含水层时，可得单一解。如有两个以上含水层时，应分层测定。

四、单孔示踪法

单孔示踪法是指把放射性示踪剂投入钻孔或测试井中，再用放射性探测器测定该点的流速。常用的示踪剂为以 NaI 为载体的^{131}I 放射性同位素（半衰期为 8.07d），它能释放 γ 射线和 β 射线。

第一，流向测定的原理。把放射性示踪剂注入井内待测的深度，随着地下水的天然流动，示踪剂浓度在水流的上下游会产生差异，表现为不同方向的放射性强度产生变化，用流向探测器测得各方向放射性的强度，并将数据传输给地面的计算机。所测强度最大值与最小值方向的连线即为地下水动态流向，强度最大方向即为下游方向。

第二，测定流速的原理。采用微量的放射性同位素^{131}I 标记滤水管中的水柱，标记的地下水柱被流经滤水管的水稀释而浓度淡化，其稀释的速率和地下水渗透速度之间服从下面关系式：

$$V_f = \frac{\beta \pi r_1}{2\alpha t} \ln \frac{N_0}{N}$$

式中：V_f ——地下水的渗流速度，m/d；

r_1——滤管的内半径，mm；

N_0——同位素的初始浓度（ $t = 0$ 时）计数率；

N —— t 时刻同位素的浓度计数率；

α ——流场畸变校正系数；

β ——校正系数，由下式求得：

$$\beta = \frac{V - V_T}{V}$$

式中：V ——测量水柱的体积，m^3；

V_T ——探头的体积，m^3。

根据计算机在不同时刻 t 采集的计数率 N ，采用最小二乘法回归分析，即可计算出地下水的渗透速度。

流场畸变校正系数是由于透水层中钻孔的存在而引起在滤水管的附近地下水流场发生畸变而引入的一个参变量。其物理意义是：地下水进入或流出滤水管的两边线，在距离滤水管足够远处，两者平行时的间距与滤水管直径之比。如没有滤水管不填砾料的基岩裸孔，一般取 $\alpha = 2$。单孔稀释法在实际应用中的关键是对 α 的确定。对于只有滤水管而没有填料的试验井，其值可以用下式来确定：

$$\alpha = \frac{4}{1 + \left(\frac{r_1}{r_2}\right)^2 + \frac{k_3}{k_1}\left[1 - \left(\frac{r_1}{r_2}\right)^2\right]}$$

式中：k_1——滤水管的渗透系数；

k_3——含水层的渗透系数；

r_1——滤水管的内半径；

r_2——滤水管的外半径。

当采用只有滤水管而没有填料的井孔时，也可选用经验公式进行近似估计：

$$V_f = 0.1n$$

式中：n——滤网的孔隙率，%；

V_f——地下水的渗流速度，m/d。

第八章 水资源管理与保护

第一节 水资源管理概述

一、水资源管理内涵

（一）水资源管理内容

从广义上讲，水利管理包括水资源管理，因为水利管理的内容中也有对水资源的开发、利用、保护和管理的内容，但还包括了对已建水利工程系统的管理。

观点一认为，水资源管理是水行政主管部门对水资源开发、利用和保护的组织、协调、监督和调度等方面的实施。运用法律、行政、经济、技术等手段，组织各种社会力量开发水利和防治水害；协调社会经济发展与水资源开发利用之间的关系，处理各地区、各部门之间的用水矛盾；监督、限制不合理的开发水资源和危害水源的行为；制订供水系统和水库工程的优化调度方案，科学分配水量，对水资源开发、利用、治理、配置、节约和保护进行管理，以求可持续地满足经济社会发展和改善生态环境对水需求的各种活动。

观点二认为，水资源管理是为防治水资源危机，保证人类生活和经济发展的需要，运用行政、技术、立法等手段对淡水资源进行管理的措施。水资源管理工作的内容包括：调查水量，分析水质，进行合理规划、开发和利用，保护水源，防治水资源衰竭和污染等。同时，涉及与水资源密切相关的工作，如保护森林、草原、水生生物，植树造林，涵养水源，防止水土流失，防治土地盐渍化、沼泽化、沙化等。

观点三认为，水资源管理是运用、保护和经营已开发的水源、水域和水利工程设施的工作。水利管理的目标是：保护水源、水域和水利工程，合理使用，确保安全，消除水害，增加水利效益，验证水利设施的正确性。为了实现这一目标，需要在工作中采取各种技术、经济、行政、法律措施。随着水利事业的发展和科学技术的进步，水利管理已逐步采用先进的科学技术和现代管理手段。

观点四认为，水资源管理是水行政主管部门的重要工作内容，它涉及水资源的有效利用、合理分配、保护治理、优化调度，以及所有水利工程的布局协调、运行实施及统筹安排等一系列工作。它的目的是通过水资源管理的实施，以做到科学、合理地开发利用水资源，支持经济社会发展，保护生态系统，并达到水资源开发、经济社会发展及生态系统保护相互协调的目标。

水资源管理工作主要包括以下几部分内容：水资源统一管理，坚持利用与保护统一、开源与节流统一、水量与水质统一；制订明确的国家和地区水资源合理开发利用实施计划和投资方案；在自然、社会和经济的制约条件下，实施最适度的水资源分配方案；为管理好水资源，必须制定一条合理的管理政策，通过需求管理、价格机制和调控措施，有效推动水资源合理分配政策的实施；加强对有关水资源信息和业务准则的传播和交流，广泛开展对用水户的教育。

（二）水资源管理目标

根据国家制定的《中国21世纪议程》，综合水资源管理建立在水是生态系统的一个完整部分、一种自然资源和一个社会经济的产物，并且水质和水量决定了其利用的自然属性的基础之上，其具体目标有以下四个方面：

1. 建立高效用水的节水型社会

在对水的需求有新发展的形势下，必须把水资源作为关系到社会兴衰的重要因素来对待，并根据中国水资源的特点，养成计划用水和节约用水的习惯，大力保护并改善天然水质。

2. 建设稳定、可靠的城乡供水体系

在节水战略指导下，预测社会需水量的增长率将保持或略高于人口的增长率。在人口达到高峰以后，随着科学技术的进步，需水增长率也将相对有所降低，并按照这个趋势，制订相应计划以求解决各个时期的水供需平衡，提高枯水期的供水安全度，即遇特殊干旱的相应对策等，并定期修正计划。

3. 建立综合性防洪安全社会保障体系

由于人口增长和经济发展，如遇同样洪水给社会经济造成的损失将比过去增长很多。在自然条件下，江河洪水的威胁将长期存在。因此，要建立综合型防洪安全的社会保障体制，以有效地保护社会安全、经济繁荣和人民生命财产安全，以求在发生特大洪水情况下，不致影响社会经济发展的全局。

4. 加强水环境生态系统的建设和管理

建立国家水环境监测网和信息网。水是维系经济和生态的最关键性要素，通过建立国家和地方水环境监测网和信息网，掌握水环境质量状况，努力控制水污染发展的趋势，加强水资源保护，实行水量和水质并重、资源和环境一体化管理，以应对缺水和水污染的挑战。

（三）水资源管理的工作流程

水资源管理的工作目标、流程和手段受人为作用影响的因素很多，其工作流程如下所述：首先，确立管理目标。确立管理目标和方向是管理手段得以实施的依据和保障，获取信息和传输是水资源管理工作得以顺利开展的基础条件，通常需要获取的信息有水资源信息、社会经济信息等。其次，建立管理优化模型，寻找最优管理方案，根据研究区的社会、经济、生态环境状况、水资源条件、管理目标，建立该区属自愿管理优化模型，紧接着对选择的管理方案实施的可行性、可靠性进行分析。最后，水资源运行调度。在通过决策方案优选，实施可行性、可靠性分析之后，及时做出调度决策。

二、水资源管理体制

水资源管理是当前世界上各个国家都十分重视的问题，加强水资源的管理是缓解当前水危机、推动社会经济发展的途径。水资源管理的组织体系是关于水资源管理活动中的组织结构、职权和职责划分等的总称。水资源管理的复杂性，使各国对水资源管理的体制无统一的模式，主要有集中管理、分散管理和集中管理与分散管理结合三种模式。集中管理实质上是以国家和地方政府机构为基础的行政管理体制，借助各级政府部门的行政职权，以协调、监督各用水部门的工作；分散管理则是由国家各有关部门按分工职责对水资源分别进行有关业务的管理，或者将水资源管理权交地方当局执行，国家只制定有关法令和政策。各个国家的水资源现状及经济发展水平都存在差异，但是在水资源管理的体制建设及实施办法上能够相互起到借鉴的作用。

（一）水利部

20 世纪 90 年代，国务院再次明确水利部是国务院水行政主管部门，统一管理全国水资源，负责全国水利行业的管理等，此后在全国范围内兴起的水务体制改革则反映了我国水资源管理方式由分散管理模式向集中管理模式的转变。水利部为国务院 29 个部、委、行、署之一。

水利部与水资源管理有关的主要职责如下：

（1）负责保障水资源的合理开发利用，拟订水利战略规划和政策，起草有关法律法规草案，制定部门规章，组织编制国家确定的重要江河湖泊的流域综合规划、防洪规划等重大水利规划。按规定制定水利工程建设有关制度并组织实施，负责提出水利固定资产投资规模和方向、国家财政性资金安排的意见，按国务院规定权限，审批、核准国家规划内和年度计划规模内固定资产投资项目，提出中央水利建设投资安排建议并组织实施。

（2）负责生活、生产经营和生态环境用水的统筹兼顾和保障。实施水资源的统一监督管理，拟订全国和跨省、自治区、直辖市水中长期供求规划及水量分配方案并监督实施，组织开展水资源调查评价工作，按规定开展水能资源调查工作，负责重要流域、区域及重大调水工程的水资源调度，组织实施取水许可、水资源有偿使用制度和水资源论证、防洪论证制度，指导水利行业供水和乡镇供水工作。

（3）负责水资源保护工作。组织编制水资源保护规划，组织拟定重要江河湖泊的水功能区划并监督实施，核定水域纳污能力，提出限制排污总量建议，指导饮用水水源保护工作，指导地下水开发利用和城市规划区地下水资源管理保护工作。

（4）负责防治水旱灾害，承担国家防汛抗旱总指挥部的具体工作。组织、协调、监督、指挥全国防汛抗旱工作，对重要江河湖泊和重要水工程实施防汛抗旱调度和应急水量调度，编制国家防汛抗旱应急预案并组织实施，指导水利突发公共事件的应急管理工作。

（5）负责节约用水工作。拟定节约用水政策，编制节约用水规划，制定有关标准，指导和推动节水型社会建设工作。

（6）指导水文工作。负责水文水资源监测、国家水文站网建设和管理，对江河湖库和地下水的水量、水质实施监测，发布水文水资源信息、情报预报和国家水资源公报。

（7）指导水利设施、水域及其岸线的管理与保护，指导大江、大河、大湖及河口、海岸滩涂的治理和开发，指导水利工程建设与运行管理，组织实施具有控制性的或跨省、自治区、直辖市及跨流域的重要水利工程建设与运行管理，承担水利工程移民管理工作。

（8）负责防治水土流失。拟订水土保持规划并监督实施，组织实施水土流失的综合防治、监测预报并定期公告，负责有关重大建设项目水土保持方案的审批、监督实施及水土保持设施的验收工作，指导国家重点水土保持建设项目的实施。

（9）指导农村水利工作。组织协调农田水利基本建设，指导农村饮水安全、节水灌溉等工程建设与管理工作，协调牧区水利工作，指导农村水利社会化服务体系建设。按规定指导农村水能资源开发工作，指导水电农村电气化和小水电代燃料工作。

（10）负责重大涉水违法事件的查处，协调、仲裁跨省、自治区、直辖市水事纠纷，指导水政监察和水行政执法。依法负责水利行业安全生产工作，组织、指导水利建设市场的监督管理，组织、指导水库、水电站大坝的安全监管，实施水利工程建设的监督。

（二）水资源管理存在的问题

流域管理与行政区域管理在管理上的差异。流域管理和行政区域管理是两种不同性质的管理模式，两者边界往往不重合。一个流域区可能跨越几个行政区，而一个行政区也可能包含几个不完整的流域区。我国水资源管理一直在区域开发管理中存在许多矛盾和问题，责权划分不清楚：在纵向上，环境保护部对地方各级环保机关实行业务指导，而地方各级环保机关隶属于本级政府，财权和人事任免权均受限于地方政府；在横向上，政府的水资源保护职能分散在环保、水利、国土、农业等部门。

水资源管理的法律体系不健全，执法力度不够。目前，我国有关水资源管理和水体保护的法律、法规及规章之间缺乏有机的联系。现有的环境、水利建设等方面的法律、法规及规章对水资源保护工作规定得不具体、不明确，可操作性差，不能体现出环境与资源协调发展的战略思想。

三、水资源管理的行政措施

行政手段又称为行政方法，它依靠行政组织或行政机构的权威，运用决定、命令、指令、指示、规定和条例等行政措施，以权威和服从为前提，直接指挥下属的工作。采取行政手段管理水资源主要是指国家和地方各级行政管理机关依据国家行政机关职能配置和行政法规所赋予的组织和指挥权利，对水资源及其环境管理工作制定方针、政策，建立法规、颁布标准，进行监督协调。实施行政决策和管理是进行水资源活动的体制保障和组织行为保障。

水资源特有属性和市场经济对资源的配置方式决定了政府对水资源管理应以宏观管理为主，宏观管理的重点是水资源供求管理和水资源保护管理。在水资源配置、开发、利用和保护等环节，围绕处理水资源供给与需求、开发和保护的关系，以及处理由此而产生的人们之间的关系，成为水资源管理的永恒主题。以水资源可持续利用支撑经济社会可持续发展，保障国家发展战略目标的实现，这是水资源管理的根本任务。实现经济效益、社会效益和环境效益高度协调统一的水资源优化配置是管理的最高目标。

水资源行政管理主要包括如下内容：

第一，水行政主管部门贯彻执行国家水资源管理战略、方针和政策，并提出具体建议和意见，定期或不定期地向政府或社会报告本地区的水资源状况及管理状况。

第二，组织制定国家和地方的水资源管理政策、工作计划和规划，并把这些计划和规划报请政府审批，使其具有行政法规效力。

第三，某些区域采取特定管理措施，如划分水源保护区，确定水功能区、超采区、限采区，编制缺水应急预案等。

第四，对一些严重污染破坏水资源及环境的企业、交通等要求限期治理，甚至勒其关、停、并、转、迁。

第五，对易产生污染、耗水量大的工程设施和项目，采取行政制约方法，如严格执行《建设项目水资源论证管理办法》《取水许可制度实施办法》等，对新建、扩建、改建项目实行环保和节水“三同时”原则。

第六，鼓励扶持保护水资源、节约用水的活动，调解水事纠纷等。

最严格的水资源管理，是以水资源配置、节约和保护为主线，全面贯彻落实水资源管理的各项法律、法规和政策措施，划定水资源开发利用控制、用水效率控制、水功能区限制纳污“三条红线”，选择用水总量、万元工业增加值用水量、农业灌溉水有效利用系数和水功能区达标率作为考核指标，明确县级以上地方人民政府对水资源管理和保护的职责，建立能操作、可检查、易考核、有奖惩的水资源管理红线指标体系。贯彻落实最严格的水资源管理制度，必须围绕水资源配置、节约保护、流域管理等领域完善法律法规，围绕用水总量控制制度、取水许可制度和水资源有偿使用制度、水资源论证制度、节约用水制度、入河排污口管理制度等各项法律制度，完善政策措施，围绕水量水质监测能力建设，严格实施水资源管理考核制度，完善保障体系，使水资源管理目标更加明晰、制度体系更加明确、管理措施更加严格、责任主体更加明确。内蒙古自治区地域辽阔、资源富集、水资源短缺、经济欠发达，境内黄河、辽河、嫩江、海滦河、内陆河流域水资源条件迥异，国土资源、产业布局与水资源分布不相匹配，水资源问题复杂。按照实行最严格的水资源管理制度的战略部署，必须从本地区的实际出发，结合东中西部资源禀赋条件和水资源条件，不断完善配套政策措施，保障水资源管理“三条红线”和“四项制度”的贯彻落实。

行政手段一般带有一定的强制性和准法治性，否则管理功能无法实现。长期实践充分证明，行政手段既是水资源日常管理的执行渠道，又是解决水旱灾害等突发事件强有力的组织者和执行者。只有通过有效力的行政管理才能保障水资源管理目标的实现。

四、水资源管理的经济手段

水利是国民经济的一项重要基础产业，水资源既是重要的自然资源，又是不可缺少的经济资源，要在管理中利用价值规律，运用价格、税收、信贷等经济杠杆，控制生产者在水资源开发中的行为，调节水资源的分配，促进合理用水、节约用水，限制和惩罚损害水资源及其环境及浪费水的行为，奖励保护水资源、节约用水的行为。

水资源管理的经济手段，就是以经济理论作为依据，由政府制定各种经济政策，运用有关的经济政策作为杠杆来间接调节和影响水资源的开发、利用、保护等水事活动，促进水资源可持续利用和经济社会可持续发展。具体来说，水资源管理的经济措施，目前应用比较广泛的有水价和水费政策、排污收费制度、补贴措施及水权和水市场等。

（一）制定合理的水价、水资源费等各种水资源价格标准

水价制度作为一种有效的经济调控杠杆，涉及经营者、普通用户、政府等多方面因素，用户希望获得更多的低价用水，经营者希望通过供水获得利润，政府则希望实现社会稳定、经济增长等经济目标。但从整体角度来看，水价制度的目的在于在合理配置水资源，保障生态系统、景观娱乐等社会效益用水及可持续发展的基础上，鼓励和引导合理、有效、最大限度地利用可供水资源，充分发挥水资源的间接经济、社会效益。

水价是水资源使用者为获得水资源使用权和可用性须支付给水资源所有者的一定货币额，它反映了资源所有者与使用者之间的经济关系，体现了对水资源有偿使用的原则、水资源的稀缺性、所有权的垄断性及所有权和使用权的分离，其实质就是对水资源耗竭进行补偿。水费是水利工程管理单位（如电管站、闸管所）或供水单位（如自来水公司）为用户提供一定量的水而收取的一种用于补偿所投入劳动的事业型费用。

水价制定的过程中，要考虑用水户的承受能力，保障起码的生存用水和基本的发展用水；对不合理用水部分，则通过提升水价，利用水价杠杆来强迫减小、控制、逐步消除不合理用水，以实现水资源的有效利用。

（二）排污收费制度

排污收费制度是对向环境排放污染物或者超过国家排放污染物标准的排污者，根据规定征收一定的费用。这项制度运用经济手段可以有效促进污染治理和新技术的发展，又能使污染者承担一定的污染防治费用。排污收费制度是我国现行的一项主要环境管理制度，在水资源管理过程中，也发挥着重要的作用。

对于征收的排污费资金纳入财政预算作为环境保护专项资金管理，主要用于污染防治项目和污染防治新技术、新工艺推广项目的拨款补助和贷款贴息，以达到促进污染防治、改善环境质量的目的。此外，通过向企业征收排污费，使企业承担其污染环境的责任，同

时企业为了减少缴纳的排污费，会进行公益的改革，减少污染物的排放，这样也可以使企业达到清洁生产的目标。

（三）建立水资源保护、恢复生态环境的经济补偿机制

实施水资源补偿，一方面可以抑制水资源利用不当造成的水资源价值流失、经济损失和生态环境破坏；另一方面可以筹集资金进行水源涵养、污染治理等水资源保护行为，促进受损水资源自身水量补给与水体功能的恢复，保障水资源可持续利用。实施水资源补偿是为了实现水资源恢复。总体来讲，现代水资源统一管理需要建立三个补偿机制，即“谁耗用水量谁补偿，谁污染水质谁补偿，谁破坏生态环境谁补偿”。同时，利用补偿建立三个恢复机制，即“恢复水量的供需平衡，恢复水质需求标准，恢复水环境与生态用水要求”。

（四）培育水市场，推进水资源使用权的有偿转让

水权是水资源所有权，是占有权、使用权、收益权、处分权及与水资源开发利用相关的各种权利和义务的总称，也称水资源产权。从广义上讲，水市场是指水资源及与水相关商品的所有权或使用权的交易场所，以及由此形成的人与人之间各种关系的总和。水权制度的发展，也使得水市场的相关研究取得了显著进展。实际上，水市场包含的范围非常广泛，如取水权市场、供水市场、排污权市场、废水处理市场、污水回用市场等。从严格意义上来讲，水费的征收也可以看作是水权明晰下的供水市场交易。水市场是市场经济条件下的产物，在进行水资源及与水相关商品的所有权或使用权的市场交易时，除了要遵循市场经济条件下市场的交易原则外，因水资源本身的特殊性，还有一些特殊的原则需要考虑。水市场交易原则主要有以下五点：

1. 持续性原则

水资源是关系国计民生的基础自然资源，在进行水市场交易时，除了要尊重水的商品属性和价值规律外，还要尊重水的自然属性和客观规律。水资源的开发利用必须从人类长远利益出发，保证人类社会可持续发展的需求，协调好水资源开发利用和节约保护的关系，充分发挥水资源的综合功能，实现水资源的可持续利用。

2. 公平和效率原则

水市场交易要充分发挥效率原则，利用经济规律作用，使水资源向低污染、高效率产业转移。此外，市场经济在追求效率的同时，也要兼顾公平的原则，必须保证城乡居民生活用水，保障农业用水的基本要求，满足生态系统的基本用水；防止为了片面追求经济效

益，而影响到用水户对水资源的基本需求。

3. 有偿转让和合理补偿的原则

水市场中交易的双方主体，应遵循市场交易的基本准则，合理确定双方的经济利益。因转让对第三方造成损失或影响的必须给予合理的经济补偿。

4. 整体性原则

水资源交易时，应着眼于整体利益，达到整体效益最佳，即实现社会效益、经济效益、环境效益的统一。在实现水资源高效配置，取得较大经济效益的同时，也要考虑到社会效益、环境效益。

5. 政府调控与市场调节相结合的原则

在市场经济条件下，能够高效地实现水资源的优化配置，但是在市场经济过分追求效益的同时，会失去很多对公平的考虑。为了能够保证遵循公平、整体性原则进行水市场交易，在注重市场对水资源配置调节的同时，也要明确政府的宏观调控是必不可少的。国家对水资源实行统一管理和宏观调控，各级政府及其水行政主管部门依法对水资源实行管理，建立政府调控与市场调节相结合的水资源配置机制。

第二节 用水管理制度

一、概述

（一）用水管理概念

用水管理指国家对社会经济各地区、各部门及各单位和个人使用水资源活动的手段，通常包括由国家授权的部门或单位通过法律、政策、行政、经济及技术要求等手段对用水活动进行管理。用水管理的任务是实行计划用水，厉行节约用水，妥善解决水事纠纷，保护公共的用水利益和用水者的合法权益，从而实现有效控制用水，实现合理用水，使有限的水资源尽可能满足社会发展需求，最大限度地发挥水的综合效用。

用水指为生产和生活等需要而使用各种形态（主要为地表水和地下水）水资源的活动。用水管理是国家对各项用水活动的全面管理，它与用水组成是分不开的。我国的用水组成主要有工业用水、农业用水、城乡居民生活及牲畜用水，水力发电、航运、渔业、防洪调节、水质净化、水上娱乐及冲淤排沙等用水部门。通常，依据最终使用的地点不同分为河道内与河道外用水两类，按是否消耗水资源分为消耗用水和非消耗用水等。消耗性用水指那些使用水资源的过程要消耗一定数量或质量的水的活动，如工业和农业用水及生活用水等用水活动均须通过水工程设施取水到水域外来完成，也称河道外用水。当然，无论哪种用水组成，并不意味着利用水分的全部消耗，更多的只是部分消耗。非消耗性用水则指那些在用水过程中，利用水的某种特性和功能而并不消耗水的数量和质量的用水活动，如用水组成中除消耗性用水部分之外的全部用水部门，由于一般直接在水域内进行（无论是否通过水工程），基本上均属于非消耗用水。一般而言，消耗性用水和河道外用水是用水管理的重点，但并不意味着非消耗用水或河道内用水就不存在问题。这两方面的用水都必须合理安排。

（二）用水管理的意义

用水管理是水资源管理中重要的基本管理活动之一，是我国经济可持续发展和社会安定的客观要求，具有非常重要的意义。

首先，我国目前的水资源供需矛盾十分尖锐，而我国又是一个水资源并不丰富的国家，不但数量少，且在时空分布上的不均匀及严重的水土流失，给水资源充分利用带来极大困难，而且国民经济各用水部分的需水要求急剧增加，解决用水不足问题已成为一项十分艰巨和复杂的工作。因此，有计划地开发利用水资源当然是十分必要的，这即为所谓的“开源”。但是，就我国的水资源条件、经济能力和已有水工程的规模及增加供水能力的速度和可能性毕竟是有限的，水资源供求矛盾将长期存在，而且在一些地区和一定时期还会进一步发展。因此，单纯依靠“开源”来解决这种供求矛盾是行不通的。在这种情况下，“节水”无疑具有更加重要的意义。只有开源与节流并重，才能缓和水资源供求矛盾，而节水则必须加强用水管理，有效地控制用水，延缓用水量的增长速度，合理用水，使有限的水资源发挥出最大效益。

其次，我国的用水水平比较低，这是过去对水资源综合利用的重要性认识不足，用水无计划，水污染和浪费严重，用水管理措施不落实，缺乏统一管理或管理不力造成的。

最后，各用水部门之间、地区之间、单位之间都存在着需要协调的用水。以上这些问题和矛盾的客观存在，使用水管理具有十分重要的意义。

（三）用水管理的基本政策

解决供用水矛盾的根本出路在于开源节流，尤其对缺水地区和城市，节流更具有突出作用。因此，“国家实行计划用水，厉行节约用水”是一切水事活动必须遵循的基本原则，成为用水管理的基本政策。因此，在用水管理中应当推行全面节水，无论是生产和生活的各个用水环节，都应当以节约用水为基本要求，采取有效的节水措施。我国各用水部门，农业节水是重点。搞好水土保持，涵养水分，减少蒸发，调整种植业结构，有效利用降水发展旱作农业；加强灌区技术改造，改进灌溉制度和灌水方式，推行节水灌溉技术，提高灌溉水利用率，不但可以起到节约水量的作用，同时也可避免土壤次生盐渍化的发生，可以说农业节水潜力巨大。工业用水应依据水资源条件调整工业布局，控制用水标准，改革用水工艺，实行一水多用和循环使用，提高水的重复利用率。此外，要加强污废水处理回用。工业节水大有可为，不仅可节约水量，而且可以减少污水排放，有利于水污染防治，综合效益显著。生活用水虽然目前标准较低，但随着城市化发展和生活水平提高，生活用水比重将有较大增加，因而也必须大力提倡节水。

二、用水管理制度

用水管理制度是关于用水的法律制度，是国家为贯彻用水政策和原则，保证用水管理任务的顺利完成，通过水立法而制定的一切用水和用水管理活动都必须遵循的基本行为规程。它调整的是使用的行政法律关系，亦即用水管理部门与一切用水地区、部门、单位及个人之间的权利和义务关系。用水管理制度主要包括计划用水制度、取水许可制度、水费和水资源费制度。

（一）计划用水制度

所谓计划用水，是根据国家或某一地区的水资源条件、经济社会发展用水要求等客观情况，科学合理地制订用水计划，并在国家或地方的用水计划指导下使用水资源。计划用水制度包括用水计划编制、审批程序，计划用水主要内容要求，以及计划的执行和监督等方面系统的法律规定。

实行计划用水制度的目的在于，通过科学合理地分配使用水资源，有效控制用水，加强节约用水，提高用水效率，减少用水矛盾并切实保护水资源，使水资源得以循环再生，永续利用。计划用水制度是实施其他用水管理制度的前提，是用水管理的一项根本制度，而其他用水管理制度对计划用水制度有促进作用。

计划用水制度要求全面的计划用水，故应在不同层次和方面编制和实施不同的用水计划。例如，按行政区划等级，可以有全国的、省、县乃至乡镇一级的用水计划，以及跨行政区域的用水计划；在一定区域内按用水部门而论，有城市生活、工业生产、农田灌溉等各方面的用水计划；按用水管理行政关系，可以有用水管理部门的水资源供求计划和单位或个人的用水计划等。各类用水计划应当遵循开源与节流、开发与保护、兴利与除害相结合的原则和保证重点，兼顾其他，对各项用水统一安排的原则，并要协调好地区、部门及单位和个人之间的用水关系。

实行计划用水制度首先必须编制并执行各种水的长期供水计划，这是实行计划用水的基础，是用水管理部门审查和批准各用水单位的用水计划的主要依据之一。因此，水的长期供求计划对水资源合理分配，对地区（流域）经济社会发展在较长时间内的用水稳定性和可靠性，以及能否使水资源得以充分合理利用，具有决定性作用。因此，水的长期供求计划必须在科学客观地调查评价地区（或流域）水资源，并在对其进行科学预测基础上，严格编制、审批、执行和监督。

（二）取水许可制度

取水许可制度是国家通过立法确定的，取水单位和个人只有在获得用水管理机关的取水许可，并遵守取水许可所规定的条件的前提下，才能使用水资源的一项取水管理制度。但也有不须经过许可便可直接取得用水权的情况，这是取水许可制度的一种特殊情况，可视其为用水的法律特许权。广义而言，取水许可制度是任何单位和个人都必须遵循的制度。

取水许可制度包括以下两方面的内容：

第一，对直接从地下或江河、湖泊取水的，实行取水许可制度。这里的“直接从地下或江河、湖泊”有三层含义：其一，指用水单位直接从地下或江河、湖泊取水作为自备水源；其二，取水单位并非为了自用，而是兴建各种供水工程为社会供水，直接从地下或江河湖泊取水；其三，不包括任何非直接从上述水域取水的情况，如使用自来水厂和水库供水工程的水，实行取水许可制度的步骤、范围和办法，则由国务院另行规定。

第二，其他用水实行不需要申请许可而直接用水的制度大体上也包括三种情况：其一，直接使用水工程统一供水的；其二，家庭生活、畜禽饮用取水和其他少量取水的；其三，从事航运、竹木流动和渔业等不消耗水量，不影响他人用水而从水域内取水的活动。

取水许可制度是国家现代水立法普遍采用的一种用水管理制度。虽然各国在具体形式上有差异，但总体应当包括：申请取得用水许可的程序和范围，许可用水条件和期限等。

（三）水费和水资源费制度

水费和水资源费制度是关于用水征费，调整国家（政府）、供水单位、用水单位（或个人）三方面权益及事务关系的法律制度。

所谓水费制度，指凡使用供水工程供水的单位和个人，必须按规定的标准、方法、数量和期限，向供水单位缴纳水费；供水单位必须在计划供水前提下，依法合理征收，使用管理水费的用水管理制度。水资源费制度则指依法对城市中直接从地下取水的单位征收水资源费，并依地方性法规对直接从地下或江河、湖泊取水的单位和个人征收水资源费。

这两项制度既有联系但又不同，区别在于：第一，征费的直接权利主体不同。水费的直接权利主体是供水单位，而水资源费只能是国家或地方的人民政府。第二，征收的义务主体不同。征收水费的义务主体是一切使用供水工程供应水的单位或个人，水资源费的义务主体则是直接从地下、江河、湖泊中取水的单位。第三，水费包括了人的劳动，而水资源费的标的为直接提取的天然水资源。第四，具体内容不同。二者在计收标准、方法和管理使用方面均不同。

实行水费和水资源费的用水管理制度，应明确以下两点：

第一，用水征费必须服从国家的政策指导和必要的行政管理。虽然从表面上看，水费制度只是供水单位和用水单位、个人间的权利和义务关系，但实际上，对于用水这样一个关乎人类生存和发展的基本活动而言，水费关系到国家、供水单位和用水单位（个人）三方面的利益。因此，既要考虑促进合理和节约用水，也要考虑用户对水费的承受能力，还要考虑国民经济和社会发展的需要，必须在有效、合理和可能范围内计征水费，保护三方面的利益。

第二，供用水关系并非买卖关系。水资源归国家所有，无论是供水单位还是用水单位（个人）都只有水的使用和收益权。虽然水资源经由供水单位而具有商品属性，但用水征费只是国家为鼓励有效用水，减少浪费，保证供水工程必要的运行管理、更新改造而采取的利用经济规律和杠杆作用的有偿用水措施。

第三节 水资源管理与保护的措施

一、实行地表水和地下水联合运用

联合运用地表水和地下水作为一项基本政策，当前已在世界上许多国家得以广泛应用。

地表水和地下水是自然界水循环过程中的两种主要形式，它们都积极参加水循环，在自然条件下相互转化。若不统一管理与规划，则会存在很多问题。例如，岩溶地区往往有一条河流进入落水洞，转入地下，而在下游又重新流出地表而成为河流。在这种情况下，地表水和地下水属同一密不可分的系统，不论用地下水还是用地表水，都有共同的来源，最大容许的取用量只有一个。再如，一条河流通过透水性良好的地层，在年内丰、枯水位期，河流和地下水之间的补给关系是不断变化的。在开采地下水情况下，可使河流常年补给地下水。鉴于这些情况，如果对地表水和地下水分别评价与规划管理，不但比较困难，而且会出现问题。如果把地表水进入地下和流出地表的水量都分别计算，势必存在着重复计算问题，其结果会使计算的资源量远较实际更多。这种人为地夸大水资源的情况是普遍存在的。但是，如若将地表水和地下水联合运用、统一评价时，只要知道地下水除河流以外的补给量和河流量，就可对全区水资源量做出正确的评价。另外，地下水和地表水联合运用，统一规划和管理，可以合理调配利用不同水源，人为调节各种水资源之间的转化关系，使之利用最方便，可最大限度地发挥水资源潜力，并做到既兴利又防害。

二、地下水人工补给

对地下水水源地来说，当开采量超过补给量，出现一定降落漏斗时，就应适时采取人工补给地下水措施。地下水人工补给，可称为人工回灌、引渗等，是当今世界各国广泛采用的增加地下淡水资源的措施，其实质是借助工程设施将地表水自流或加压注入含水层。目的在于防止超采扩大，控制地面沉降、防止盐水（海水）入侵，改善地下水质，增加补给量。此外，它还兼有储冷、储热的作用。

（一）人工补给地下水的水源和水质要求

地下水人工补给的水源有地表水（江河、湖泊、水库)、工业回归水和工业废水、城镇公共供水（自来水)、地下水及灌区渠道退水等，其主要以地表水为主，特别是汛期洪水。

补给水源不仅要有足够水量，且必须符合一定的质量要求，水质较差的水必须经净化处理才可作为补给水使用。补给水的水质应达到以下三点要求：①水质必须比原地下水水质好；②回灌后不会引起区域性水质变差；③不应含有可使回灌工程遭受腐蚀破坏的成分。

（二）地下水人工补给方法

各种补给方法都有其适用条件和优缺点，现做如下简述：

1. 地表水入渗补给法

一般利用农田、坑塘、渠道、河道或古河道及矿坑等，引地表水使其渗漏，具有因地制宜、工程简单、便于管理的优点。

①淹没及灌溉入渗法。农闲时或在有条件时将水引入农田，利用田间入渗方式达到补给地下水的目的。②水盆地入渗法。该法包括水库、洼地、池塘的渗漏等。③沟渠入渗法。该法利用水库或引水工程的输水渠道引水入渗。尽管一般大型水利工程输水渠道都有衬砌，但对灌溉渠道而言，干、支、斗及田间渠系如网状分布，我国各大灌区渠系水利用系数一般在 0.5~0.6，故可有意识地在渠道适时放水，以增加补给地下水。④河床入渗补给法。该法利用天然河床，或低漫滩，采取从上游处引水或修建拦水坝引水入渗，特别是将汛期洪水引渗，效果较好。

2. 井内回灌注入法

回灌多通过管井、大口井、竖井及坑道回灌注入含水层，只有在特殊情况下才修建专门回灌井。

井内回灌注入法具有灌水量集中、流速大、效率高的特征。常须进行专门水质处理，以防井管和含水层堵塞。因输配水系统复杂，故费用高，但有占地少，并可直接补给深层水的特点。

①自流回灌法。该法将水引入回灌井，使井水位与地下水位有一定的水头差，促使其入渗。②压力回灌法。该法适用于地下水位埋藏小和渗透性较差的含水层，直接连接自来水系统供水管和井管，靠管网压力（或加压），使回灌水与静水位间产生压力差而进行。当含水层透水性稳定时，井的回灌量与压力成正比，但当压力增加到一定的数值时，回灌量则几乎不增加。此时，压力不能过大，以免导致井的破坏。

回灌时定期扬水是很关键的，它可以清除堵塞物，保证回灌效果。

3. 间接补给法

间接补给法也称诱导补给法，或开采激化法等。该法是在河流或其他地表水体（如渠道、湖泊等）附近凿井，开采时，由于地下水位降落，漏斗扩大到地表水体，致使（或诱导激化）地表水体源源不断地补给抽水井，从而保证地下水的开采。

无论采取哪种补给方法，均须最终进入含水层，因而除了水质因素外，为确保补给效率，必须对补给区包气带、饱水带岩石孔隙性及水理性质、地下水埋藏条件、含水层类型、厚度及水化学性质进行研究。

三、强化水污染治理

地表水污染可视性强，易于发现，其循环更新周期短，易于净化和恢复。下面主要讨论地下水污染的治理问题。

净化污染水有两种基本方法：一种是收容法，即防止已污染的水在含水层继续恶化扩散，导致更严重的后果，故而主要采取修筑挡土墙以阻止污染的水流动；另一种方法是清除污染物，是利用已有的水井或排水沟排污染水，有时还须打专门抽水井。抽出的水经处理后可做他用或注入含水层。下面介绍六种在水污染治理中应用的技术方法。

（一）换土法

包气带土层是地下水的保护层，可截流大量的污染物质，并可经自身净化功能清除部分污染物，但那些未被截留的或未被降解的污染物则会污染地下水。故而，如何保护土层的净化功能，治理失去净化功能的污染土层就很重要。治理方法有换土法、微生物技术、焚烧法、表活剂冲洗法和吹脱法等。目前多采用换土法。

换土法是将遭受严重污染的土层人工移走，换上适合生物生长，自净能力强的土层，使其达到既清除污染源，又建立地下水的新的天然屏障的作用。但仅能应用于局部的原污染源堆积位置或土层极其严重污染的地段。

（二）物化方法

活性炭吸附法、臭氧分离法、泡沫分离法及电解法、沉淀法、中和法、氧化还原法等物化方法可用在含水层以净化已污染的地下水，降低污染程度。物化方法的实质是投放一定量化学物质到含水层和污染物质中，使其发生物理-化学作用。这种方法已得以广泛应用。

（三）微生物净化法

微生物净化法实质上是利用微生物处理已污染地下水的方法。污染物质是微生物生长的重要碳源，在需氧或厌氧环境中的微生物，能将有机污染物降解为 CO_2 和 H_2O 而降低污染程度。这一技术效果好，投资少，不产生二次污染，净化彻底。微生物靠降解污染物而获得自身生长繁殖必需的碳源和能源。水中养分由于污染物而增加，使微生物数量迅速增加，污染物降解速度也会加快。因此，针对要净化的污染物，可利用人工方法注入专门培养的细菌，促进其生长繁殖，加快污染物降解与转化。

（四）稀释净化法

已经污染的地下水，当断绝污染源后，在天然条件下，可以逐渐扩散稀释，但若经流不畅，自行净化则十分缓慢，利用人工方法增加地下水补给量则可加快稀释和净化的过程。

（五）换水法

对已大面积污染的含水层，采用以上方法困难较大，则采取换水方法，可以取得费省效宏的作用。

换水法是先从含水层中直接抽出已污染的地下水，经处理后排入江河，并以新的优质水再补给地下水。这种长期的抽-换水过程可淋洗含水层并使地下水净化。

当地下水污染浓度不高时，利用所抽取出的地下水灌溉农田，不但不会导致土层污染，还可使作物高产，因为地表土壤是最好的过滤吸附层，可使抽出灌溉污染水达到最经济处理的目的。

（六）地下水水源地卫生防护带

《生活饮用水水质标准》（GB 5749-2022）规定，生活饮用水水源必须设置卫生防护带，一般设置三个带：第一，戒严带。该带仅包括取水构筑物附近范围，要求在水井周围30m 内，不得有厕所、渗水坑、粪坑、垃圾堆和废渣堆等污染源存在，必须有卫生检查制度。第二，限制带。与第一带相邻，包括较大范围，要求在井或井群影响范围内，严禁使用工业或生活污染水灌溉，不得施用持久性或剧毒性农药，而且不允许修建渗水厕所、渗水坑、堆放废渣。不得从事破坏深层土层活动。第三，监视带。应经常进行流行病学观察，以便及时采取防治措施。

上述防护带的划分中，设置戒严带主要考虑防止病原菌的污染，故只属卫生防护，而对于病毒污染则是无效的。关于卫生防护带半径的计算，目前尚无成熟理论和公式。

四、实施流域水资源统一管理调度

流域水资源统一管理调度与污染控制是一项庞大的系统工程，必须对流域涉及的上中下游地区，不同省（自治区）内的地表水和地下水在数量和质量上综合控制，综合协调和管理才能取得满意的效果。

国外的经验体现在以下八方面：

一是对流域内供水、水资源开发、污染控制、防洪、航运、渔业等事业实行统一管理。

二是按流域统一管理。水资源依据水循环理论，以流域为整体，把地表水和地下水、水量和水质、多种用途的供水和排水结合起来进行统一管理，运用系统论思想和系统工程原理，谋求全系统最优，力争较少投入而效益最大。

三是实行切实有效的水质目标管理。除了按国家规定外，对不同的污水处理厂或排污企业，根据其所处河道的自净能力，水的用途及污水排放地点不同而确定不同的排放标准。

四是大力实行节约用水政策，严格控制用水量的增长已成为管理的重要内容。力求在每个用水环节，注重在整个水循环系统上达到合理和节约的目的。

五是提高供水项目整体效益。任何一个供水工程项目从提出到确定，都必须经过充分的费用、效益分析和分析论证，以克服盲目性和重复性。

六是建立水费制，财务自负盈亏。

七是管理的自动控制。运用先进的自动化技术及时掌握洪水预报、水质监测、水位水量站、雨量站、水井等，以便及时调配。

八是开展综合经营。国内在流域水资源保护与管理方面开展了一些工作，虽然有关法律法规做了明文规定，但无论在广度和深度上均存在许多问题。

参考文献

[1] 张人权，梁杏，靳孟贵．水文地质学基础［M］. 第7版．北京：地质出版社，2018.
[2] 姚成，刘开磊．水文集合预报方法研究与应用［M］. 南京：河海大学出版社，2018.
[3] 万红，张武．水资源规划与利用［M］. 成都：电子科技大学出版社，2018.
[4] 王建群，任黎，徐斌．水资源系统分析理论与应用［M］. 南京：河海大学出版社，2018.
[5] 马浩，刘怀利，沈超，等．水资源取用水监测管理系统理论与实践［M］. 合肥：中国科学技术大学出版社，2018.
[6] 王永党，李传磊，付贵．水文水资源科技与管理研究［M］. 汕头：汕头大学出版社，2018.
[7] 畅明琦，赵崇祎，张洪波．基于ET的山区水资源综合规划理论与实践［M］. 北京：中国科学技术出版社，2018.
[8] 王非，崔红波，贾茂平．水资源利用及管理［M］. 北京：中国纺织出版社，2018.
[9] 黎立，曾云川．水资源与水资源承载力研究［M］. 北京：北京工业大学出版社，2018.
[10] 门宝辉，尚松浩．水资源系统优化原理与方法［M］. 北京：科学出版社，2018.
[11] 潘奎生，丁长春．水资源保护与管理［M］. 长春：吉林科学技术出版社，2019.
[12] 刘景才，赵晓光，李璇．水资源开发与水利工程建设［M］. 长春：吉林科学技术出版社，2019.
[13] 于荣．跨界水资源冲突系统建模及协调策略［M］. 南京：河海大学出版社，2019.
[14] 杨波．水环境水资源保护及水污染治理技术研究［M］. 北京：中国大地出版社，2019.
[15] 左喆瑜．水资源与中国农业可持续发展研究［M］. 兰州：兰州大学出版社，2019.
[16] 曹志民，师明川，郑彦峰．地质构造与水文地质研究［M］. 北京：文化发展出版

社，2019.

［17］李自顺．水文资料在线整编系统设计［M］．芒：德宏民族出版社，2019.

［18］李琼芳．变化环境下的生态水文效应模拟［M］．南京：河海大学出版社，2019.

［19］蒋辉．水文地质勘察［M］．北京：地质出版社，2019.

［20］李淑一，魏琦，谢思明．工程地质［M］．北京：航空工业出版社，2019.

［21］吴永．地下水工程地质问题及防治［M］．郑州：黄河水利出版社，2020.

［22］周金龙，刘传孝．工程地质及水文地质［M］．第2版．郑州：黄河水利出版社，2020.

［23］师明川，王松林，张晓波．水文地质工程地质物探技术研究［M］．北京：文化发展出版社，2020.

［24］傅长锋，陈平．流域水资源生态保护理论与实践［M］．天津：天津科学技术出版社，2020.

［25］张占贵，李春光，王磊．水文与水资源基本理论与方法［M］．沈阳：辽宁大学出版社，2020.